计算机科学与技术丛书

MySQL

数据库编程与应用

关东升◎编著

清华大学出版社

北京

内 容 简 介

本书系统地论述了 SQL 编程语言和实际应用技术,共分为 14 章,主要内容包括引言、MySQL 数据库安装和管理、表管理、视图管理、索引管理、修改数据、查询数据、汇总查询结果、子查询、表连接、MySQL数据库中特有的 SQL 语句、MySQL 数据库开发、利用 Java 程序访问 MySQL 数据库和利用 Python 程序访问 MySQL 数据库。另外,每章安排了"同步练习"实践环节,旨在帮助读者消化和吸收本章所讲解的知识点,并在本书附录 A 中提供了同步练习参考答案。

为了便于读者高效学习,快速掌握 SQL 语言,本书配套提供完整的教学课件、程序代码、视频教程及在线答疑服务。

本书既可以作为高等院校计算机专业相关课程的教材,也可以作为软件开发人员、数据分析和处理人员的参考用书。

图书在版编目(CIP)数据

MySQL:数据库编程与应用/关东升编著. —北京:清华大学出版社,2023.9
(计算机科学与技术丛书)
ISBN 978-7-302-64395-1

Ⅰ. ①M… Ⅱ. ①关… Ⅲ. ①SQL 语言－数据库管理系统 Ⅳ. ①TP311.132.3

中国国家版本馆 CIP 数据核字(2023)第 149455 号

策划编辑:盛东亮
责任编辑:钟志芳
封面设计:李召霞
责任校对:郝美丽
责任印制:沈 露

出版发行:清华大学出版社
　　　　　网　　　址:https://www.tup.com.cn,https://www.wqxuetang.com
　　　　　地　　　址:北京清华大学学研大厦 A 座　　　邮　　编:100084
　　　　　社 总 机:010-83470000　　　　　　　　　邮　　购:010-62786544
　　　　　投稿与读者服务:010-62776969,c-service@tup.tsinghua.edu.cn
　　　　　质量反馈:010-62772015,zhiliang@tup.tsinghua.edu.cn
　　　　　课件下载:https://www.tup.com.cn,010-83470236
印　装　者:三河市龙大印装有限公司
经　　　销:全国新华书店
开　　　本:186mm×240mm　　　印　张:12　　　　　字　　数:273 千字
版　　　次:2023 年 11 月第 1 版　　　　　　　　　印　　次:2023 年 11 月第 1 次印刷
印　　　数:1～1500
定　　　价:49.00 元

产品编号:101204-01

前言
FOREWORD

为什么写作本书

MySQL 数据库是现在流行的数据库之一,高校计算机相关专业开设数据库课程一般会首选 MySQL 数据库;在实际的企业开发项目中通常也会选择 MySQL 数据库,因此,高校计算机相关专业的老师亟待有一本教材既能满足教学需求,又能满足企业对人才的需求。基于此,笔者秉承讲解简单、快速入门和易于掌握的原则,与清华大学出版社合作出版本书。

本书读者对象

本书适合 MySQL 入门及进阶的读者。无论读者是计算机相关专业的学生,还是软件开发人员,或是数据分析和数据处理人员,都适合阅读本书。

相关资源

为了更好地帮助广大读者,本书配套提供了教学大纲、教学课件、程序代码、微课视频及开源软件。

如何使用书中配套代码

书中包括了 100 多个示例代码,读者可以到清华大学出版社网站本书页面下载。下载本书程序代码并解压,会看到如图 1 所示的目录结构。其中 chapter3~chapter14 是本书第3~14 章的示例代码。

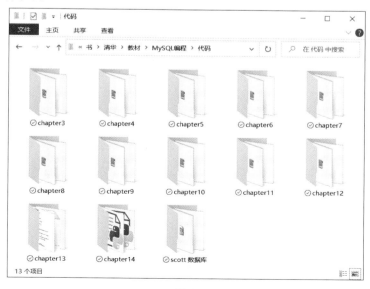

图 1

打开 chapter3 可见本章中所有示例代码，如图 2 所示，例如"3.2.3 选择使用数据库.sql"文件是 3.2.3 节相关的 SQL 代码文件。

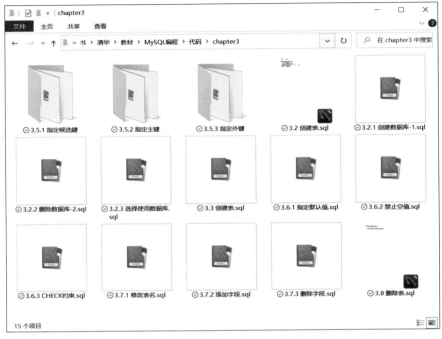

图 2

致谢

感谢清华大学出版社的盛东亮编辑提供了宝贵的意见。感谢智捷课堂团队的赵志荣、赵大羽、关锦华、闫婷娇、王馨然、关秀华和赵浩丞参与部分内容的写作。感谢赵浩丞手绘了书中全部草图，并从专业的角度修改书中图片，使之更加真实完美地呈现给广大读者。感谢家人容忍笔者的忙碌，以及对笔者的关心和照顾，使笔者能投入精力，专心编写此书。

由于笔者水平有限，书中难免存在不妥之处，请读者提出宝贵修改意见，以便再版时改进。

关东升

2023 年 10 月

知识结构
CONTENT STRUCTURE

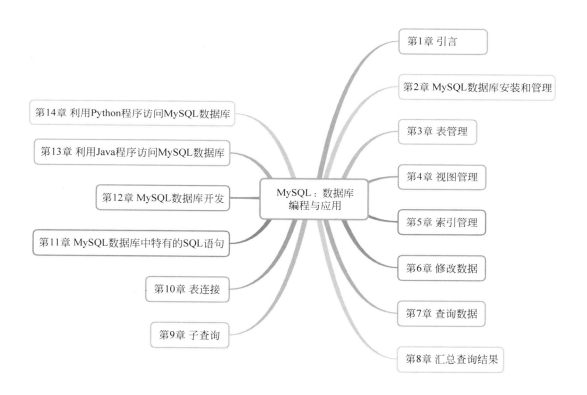

第1章 引言

第2章 MySQL数据库安装和管理

第3章 表管理

第4章 视图管理

第5章 索引管理

第6章 修改数据

第7章 查询数据

第8章 汇总查询结果

MySQL：数据库编程与应用

第14章 利用Python程序访问MySQL数据库

第13章 利用Java程序访问MySQL数据库

第12章 MySQL数据库开发

第11章 MySQL数据库中特有的SQL语句

第10章 表连接

第9章 子查询

目 录

CONTENTS

第 1 章

引　言

SQL 是结构化查询语言（Structured Query Language），它提供了一套用来输入、更改和查看关系数据库内容的命令。

1.1　数据管理的发展过程

微课视频

在介绍 SQL 之前，要先介绍关系数据库，而在介绍关系数据库之前，还要先说明数据管理的发展过程，这样读者才能了解 SQL 的由来，以及使用它的意义。

数据管理的发展过程经历了如下 3 个阶段：

（1）人工管理数据阶段。在计算机出现之前，人们通过人工管理数据。纸张是存储数据的介质，人们需要把这些写有数据的纸张妥善保管起来，便于日后查找使用。

（2）文件系统管理数据阶段。在计算机出现之后，人们通过计算机文件系统管理数据。在计算机文件系统管理数据的初期，由于受到存储技术的限制，数据存储的介质只能是磁盘、磁鼓、磁带，后来才出现光盘和闪存等。在这一阶段，数据以文件形式存储在这些介质中。

（3）数据库管理系统管理数据阶段。与人工管理数据相比，文件系统管理数据大大提高了数据管理效率。但是，从数以万计的数据中找到所需要的数据是非常困难的，即便能找到，效率也是非常低的，故采用数据库管理系统（Database Management System，DBMS）管理数据，该方式具有以下优点：

① 数据由数据库管理系统统一管理和控制。

② 采用统一数据模型。

③ 通过并发访问控制机制，数据冗余度小。

④ 支持 SQL，提高数据查询速度。

⑤ 提供缓存机制，能有效提高数据写入速度。

⑥ 提供数据备份机制，能有效地防止数据丢失和损坏。

1.2 逻辑数据模型

如果有很多书，人们通常会考虑把它们分门别类地放到书柜中。同理，存放数据的数据库也需要通过某种方式将数据组织起来，这就是逻辑数据模型。事实上，除了逻辑数据模型外，还有概念数据模型和物理数据模型等。

数据逻辑模型有 4 种：层次模型、网状模型、关系模型、面向对象模型。其中，层次模型和网状模型都是早期逻辑数据模型，统称为非关系模型。这两种模型现在已经没有数据库支持了，这里不再赘述。关系模型采用二维表格结构描述数据。面向对象模型采用面向对象理论抽象数据。虽然面向对象模型理论很先进，但是由于关系模型发展得早，而且比较成熟，得到了主流数据库系统的支持，能够使用 SQL 访问，因此，本书介绍的重点仍然是关系模型数据库。

1.3 关系数据库管理系统

数据库管理系统是对数据进行管理的大型软件系统，采用关系模型的数据库系统称为关系数据库管理系统（Relational Database Management System，RDBMS）。由于数据库管理系统缺乏统一的标准，不同厂商的数据库管理系统有比较大的差别，但一般而言，数据库管理系统均包含 5 个主要功能：数据库定义功能、数据库存储功能、数据库管理功能、数据库维护功能和数据库通信功能。

目前主流的数据库有 MySQL、Oracle、SQL Server、DB2、PostgreSQL、Microsoft Access、SQLite 和 Sysbase 等，本书重点介绍 MySQL，简单介绍其他数据库。

1.3.1 Oracle

Oracle 是 1983 年推出的第 1 个开放式商品化关系数据库管理系统。它采用标准的 SQL，支持多种数据类型，并提供面向对象存储的数据，也得到 UNIX、Windows、OS/2、Novell 等多个平台的支持。

1.3.2 SQL Server

2000 年 12 月，微软发布了 SQL Server 2000，该数据库可以运行于 Windows NT/Windows 2000/Windows XP 等操作系统上，是支持客户端/服务器结构的数据库管理系统，可以帮助各种规模的企业管理数据。

1.3.3 DB2

DB2 是 IBM 公司开发的一套关系数据库管理系统，它主要的运行环境为 UNIX（包括 IBM 自家的 AIX）、Linux、OS/400、z/OS，以及 Windows 服务器版本。

DB 2 主要应用于大型应用系统,具有较好的可伸缩性,支持从大型机到单用户环境,应用于常见的服务器操作系统平台。

1.3.4 MySQL

MySQL 是一个关系数据库管理系统,由瑞典 MySQL AB 公司开发,目前是 Oracle 旗下产品。MySQL 是流行的关系数据库管理系统之一,在 Web 应用方面,MySQL 是很好的关系数据库管理系统软件。

1.4 SQL 概述

微课视频

关系数据库的开发和管理人员通过 SQL 与关系数据库进行交流,实现对数据库数据的处理和定义。

 提示 完整的 SQL 标准有 600 多页,没有哪个数据库系统完全遵循该标准。本书涵盖了主流关系数据库所支持 SQL 的具体内容。

SQL 主要分为 5 类:数据定义语言(Data Definition Language,DDL)、数据操作语言(Data Manipulation Language,DML)、数据控制语言(Data Control Language,DCL)、事务控制语言(Transaction Control Language,TCL)和数据查询语言(Data Query Language,DQL)。

SQL 分类如图 1-1 所示。

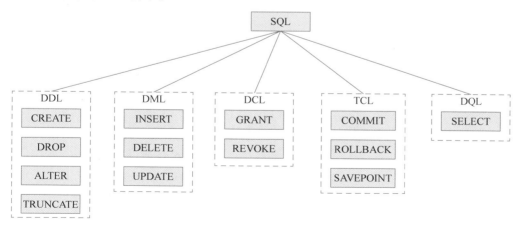

图 1-1 SQL 分类

1. 数据定义语言

数据定义语言(DDL)用于创建或改变数据库结构,还可以将资源分配给数据库。DDL

语句主要包括以下几种。

（1）**CREATE**：创建数据库、视图和表等。

（2）**DROP**：删除数据库、视图和表等。

（3）**ALTER**：修改数据库、视图和表等。

（4）**TRUNCATE**：删除表中所有数据。

2．数据操作语言

数据操作语言（DML）用于插入、修改和删除数据。DML 语句主要包括以下几种。

（1）**INSERT**：向表中插入数据。

（2）**UPDATE**：更新表中的现有数据。

（3）**DELETE**：从数据库表中删除数据。

3．数据控制语言

数据控制语言（DCL）实现对数据库管理和控制，如对用户授权、角色控制等。DCL 语句主要包括以下几种。

（1）**GRANT**：授权。

（2）**REVOKE**：取消授权。

4．事务控制语言

事务控制语言（TCL）用于数据库事务控制。TCL 语句主要包括以下几种。

（1）**COMMIT**：提交事务。

（2）**ROLLBACK**：回滚事务。

（3）**SAVEPOINT**：设置事务保存点。

5．数据查询语言

数据查询语言（DQL）用于从数据库中获取数据，它只使用一个 SELECT 语句，实现从数据库中获取数据并对其进行排序。

1.4.1　SQL 标准

尽管 SQL 拥有一些引人注目的特性且易于使用，其最大优点还在于它在数据库厂家之间的广泛适用性。SQL 是与关系数据库交流的标准语言，虽然在不同厂家之间语言的实现方式存在某些差异，但是通常情况下，无论选择何种数据库平台，SQL 都适用。国际标准化组织（International Standard Organization，ISO）在国际上评审并验证了 SQL 标准。当前的 SQL 标准是 SQL 5。遗憾的是，没有一种商用数据库完全符合 SQL 5 标准。

1.4.2　SQL 语法

SQL 通过基本规则表示它的结构和语法。在讨论如何编写 SQL 命令之前，有必要先从总体上介绍 SQL 中的基本规则。

1. 大小写

从总体上说,SQL 不区分大小写,下面 3 段语句功能是相同的。

```
select   *
from table
```

或

```
SELECT *
FROM TABLE
```

或

```
Select   *
FROM table
```

2. 空白

SQL 的另一个特性是它忽略空白(包括空格符、制表符和换行符等)。以下两段语句是一样的。

```
    SELECT * FROM Table
    SELECT *
FROM Table
```

和

```
    SELECT
    *
    FROM
    Table
```

以下语句无效。

```
SELECT * FROMTable
```

3. 语句结束符

SQL 语句结束用分号";"表示。当只有一条 SQL 语句时,多数数据库支持省略分号;但如果有多条 SQL 语句,则不能省略分号。例如,插入多条数据的代码如下:

```
INSERT INTO student (s_id,s_name) VALUES (1, '刘备');
INSERT INTO student (s_id,s_name) VALUES (2, '关羽');
INSERT INTO student (s_id,s_name) VALUES (3, '张飞');
```

如果只插入一条数据,则可以省略分号,代码如下:

```
INSERT INTO student (s_id,s_name) VALUES (1, '刘备')
```

4. 引用字符串

在 SQL 中使用字符串时,它们被包裹在单引号中。例如,如果希望将一个字段值与字符串常量作比较,则应当将字符串包裹在单引号中。以下示例代码实现了 name 字段值与 Rafe 字符串的比较。

```
SELECT *
FROM People
WHERE name = 'Rafe'
```

以下代码实现 name 字段值与 Rafe 字段值进行比较,这是因为 Rafe 没有包裹在单引号中,则被认为是字段,而不是字符串。

```
SELECT *
FROM People
WHERE name = Rafe
```

如果字段与数字进行比较,则不使用引号。例如,以下语句实现了 salary 字段值与数字 100000 的比较。

```
SELECT *
FROM People
WHERE salary = 100000
```

1.5 本章小结

本章首先介绍数据管理的发展过程,然后介绍逻辑数据模型以及关系数据库管理系统,最后概述 SQL。

1.6 同步练习

选择题

1. 下列哪些语句属于 DDL 语句?（　　　）
   A. DROP　　　　　B. DELETE　　　　　C. COMMIT　　　　　D. GRANT
2. 下列哪些语句属于 DML 语句?（　　　）
   A. DROP　　　　　B. DELETE　　　　　C. COMMIT　　　　　D. GRANT
3. 下列哪些语句属于 DCL 语句?（　　　）
   A. DROP　　　　　B. DELETE　　　　　C. COMMIT　　　　　D. GRANT
4. 下列哪些选项表示 SQL 语句中的字符串?（　　　）
   A. "abc"　　　　　B. 'abc'　　　　　C. '''abc'''　　　　　D. abc
5. 下列哪些选项正确引用 age 字段值?（　　　）
   A. "age"　　　　　B. 'age'　　　　　C. '''age'''　　　　　D. age

第 2 章

MySQL 数据库安装和管理

本书重点介绍基于 MySQL 数据库下的 SQL 语言。因此,本章详细介绍 MySQL 数据库。

2.1 MySQL 概述

微课视频

MySQL 最早由瑞典 MySQL AB 公司开发,1995 年发布第 1 个版本,2000 年基于 GPL 协议开放源码,2008 年 MySQL AB 公司被 Sun 公司收购,2009 年 Sun 公司又被 Oracle 公司收购。所以,目前 MySQL 由 Oracle 公司负责技术支持。

MySQL 是一个真正的多用户、多线程 SQL 数据库服务器,是以客户端/服务器结构实现的,它由一个服务器守护程序 MySQL d 和很多不同的客户程序和库组成。MySQL 的主要目标是快速、健壮和易用,MySQL 反应既快速又灵活,允许存储文件和图像等数据。

2.1.1 MySQL 的主要特点

MySQL 有很多优点,介绍如下:

(1) 使用多线程方式,这意味着它能很充分地利用 CPU(中央处理单元)。

(2) 可运行在不同的平台上,如 Windows、Linux、macOS 和 UNIX 等多种操作系统。

(3) 多种数据类型,提供了 1、2、3、4 和 8 位长度的有符号或无符号整数,以及 FLOAT、DOUBLE、CHAR、VARCHAR、TEXT、BLOB、DATE、TIME、DATETIME、TIMESTAMP、YEAR、SET 和 ENUM 类型。

(4) 全面支持 SQL-92 标准,如 GROUP BY、ORDER BY 子句,支持聚合函数(COUNT、AVG、STD、SUM、MAX 和 MIN),支持表连接的 LEFT OUTER JOIN 和 RIGHT OUTER JOIN 等语法。

(5) 具有大数据处理能力,使用 MySQL 可以创建超过 5000 万条记录的数据库。

(6) 支持多种不同的字符集。

(7) 函数名不会与表或列(字段)名冲突。

2.1.2　MySQL 的主要版本

Oracle 公司收购 Sun 公司后，对 MySQL 提供了强大的技术支持，MySQL 发展出多种版本，主要的版本如下：

(1) 社区版(MySQL Community Server)：开源免费，官方提供技术支持。

(2) 企业版(MySQL Enterprise Edition)：开源需付费，可以试用 30 天。

(3) 集群版(MySQL Cluster)：开源免费，可将几个 MySQL 服务器封装成一个服务器。

(4) 高级集群版(MySQL Cluster CGE)：开源需付费。

2.2　MySQL 的安装和配置

MySQL 可运行在不同的平台上，如 Windows NT、Linux 和 UNIX 等操作系统，对于这些主流操作系统都有不同的安装文件。下面分别介绍 MySQL 8.0 社区版在几个不同操作系统中的安装和配置过程。

2.2.1　Windows 平台安装 MySQL

微课视频

因为 Windows 平台是最简单的，所以先介绍如何在 Windows 平台上安装 MySQL 8.0 社区版。

1. 下载 MySQL 8.0 社区版

在安装 MySQL 之前，首先应下载社区版(https://dev.mysql.com/downloads/mysql/)，下载页面如图 2-1 所示，读者可以根据自己的情况选择不同的操作系统，选择好后单击 Go to Download Page 按钮进入如图 2-2 所示的详细下载页面。

在图 2-2 中可以切换到 Archives(归档)选项卡下载历史版本。另外，该页面右下方有两种安装文件可供下载：离线安装文件、在线安装文件。

读者可以根据自己的喜好选择下载哪种安装文件，本书选择离线安装文件。单击 Download 按钮可以下载，注意需要 Oracle 用户账号，并且登录成功后才能下载，否则会先进入登录页面，如图 2-3 所示。如果有 Oracle 用户账号，则可以单击 Login 按钮登录；如果没有账号，则可以单击 Sign Up 按钮，先注册 Oracle 用户账号，登录后再下载。

2. 安装 MySQL 8.0 社区版

下载成功后，双击安装文件即可安装。安装过程中的第 1 个对话框是"选择安装类型(Choosing a Setup Type)"对话框，如图 2-4 所示，可以选择安装类型，推荐选择自定义(Custom)类型(该类型比较灵活)。

选择好安装类型后，单击 Next 按钮进入"选择组件(Select Products)"对话框，如图 2-5 所示。因为要安装 MySQL Server 8.0，所以选择 MySQL Server 8.0.28- X64 组件，然后单击 ➡ 按钮，将选择的组件添加到右侧待安装组件列表中，如图 2-6 所示。

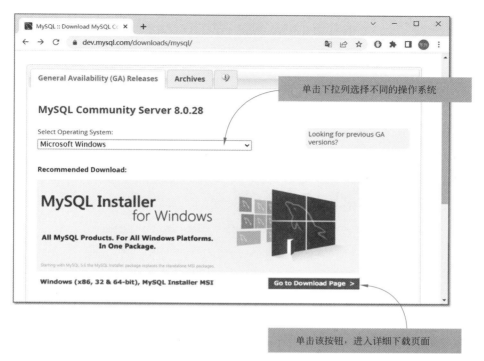

图 2-1　下载页面

图 2-2　详细下载页面

图 2-3   登录页面

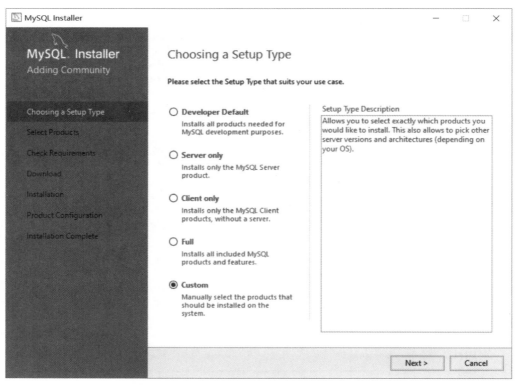

图 2-4   "选择安装类型"对话框

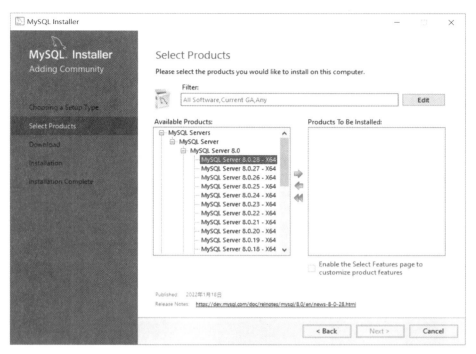

图 2-5　"选择组件"对话框

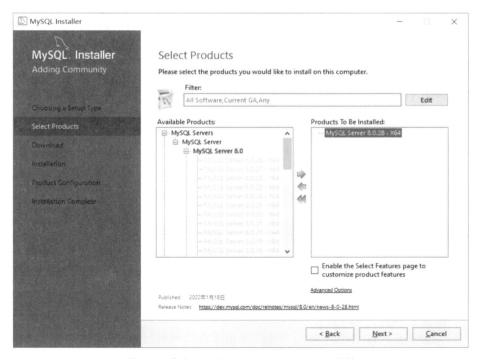

图 2-6　选中 MySQL Server 8.0.28-X64 组件

选择好组件后，单击 Next 按钮，进入如图 2-7 所示的"下载（Download）"对话框，在该对话框中会下载要安装的组件。下载完成后，Execute 按钮会处于可选状态，单击 Execute按钮即可安装，进入如图 2-8 所示的"安装（Installation）"对话框。

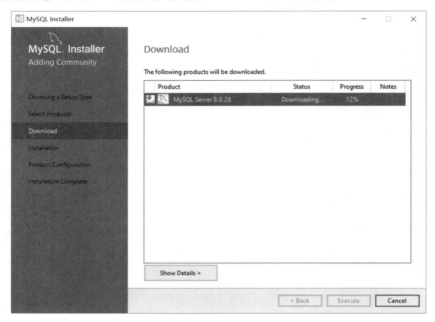

图 2-7 "下载"对话框

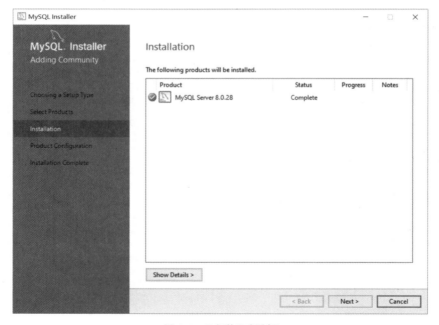

图 2-8 "安装"对话框

　　单击 Next 按钮，进入如图 2-9 所示的"产品配置（Product Configuration）"对话框。在该对话框中单击 Next 按钮，进入如图 2-10 所示的"类型和网络配置（Type and Networking）"对话框，在该对话框中可以选择配置 MySQL 服务器类型和设置服务器端口等。

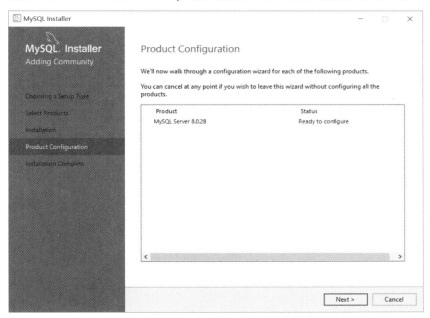

图 2-9　"产品配置"对话框

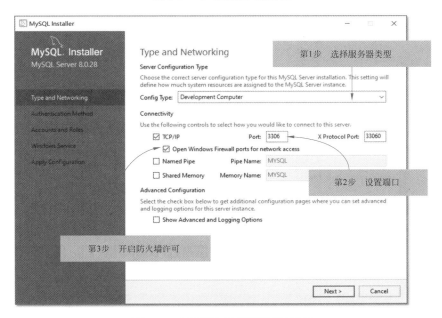

图 2-10　"类型和网络配置"对话框

有 3 种服务器类型可以选择，如图 2-11 所示，具体说明如下。

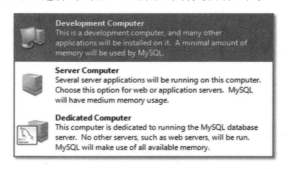

图 2-11　选择服务器类型

（1）Development Computer（开发机器）：该选项代表典型的个人用桌面工作站，将 MySQL 服务器配置成使用最少的系统资源。

（2）Server Computer（服务器）：该选项代表服务器，MySQL 服务器可以同其他应用程序一起运行，如 FTP、E-mail 和 Web 服务器。该选项会将 MySQL 服务器配置成使用适当比例的系统资源。

（3）Dedicated Computer（专用 MySQL 服务器）：该选项代表只运行 MySQL 服务的服务器，假定没有运行其他应用程序。该选项会将 MySQL 服务器配置成使用所有可用系统资源。

配置完成后，单击 Next 按钮进入"身份验证方法（Authentication Method）"对话框，如图 2-12 所示，MySQL 推荐使用强密码加密进行身份验证。选择完成后，单击 Next 按钮，进入如图 2-13 所示的"账号和角色（Accounts and Roles）"对话框，在该对话框中可以设置 root 用户密码，当然也可以添加其他用户。

单击 Add User 按钮，弹出如图 2-14 所示的"创建新用户"对话框，在创建新用户时，注意第 2 步是设置哪些客户端主机可以访问该数据库服务器，其中％表示所有主机都可以访问。

用户名和用户角色设置完成后，单击 OK 按钮，进入如图 2-15 所示"Windows 服务名"对话框，注意服务名不能与其他服务名冲突，这个非常重要。安装成功后，MySQL 服务会出现在 Windows 服务列表中，如图 2-16 所示。

在保证 Windows 服务名不冲突的情况下，在如图 2-15 所示的对话框中单击 Next 按钮，进入如图 2-17 所示的"应用配置（Apply Configuration）"对话框，单击 Execute 按钮开始执行配置，如果没有发生错误，则会配置成功，进入如图 2-18 所示的"配置成功"对话框。

单击 Finish 按钮，进入如图 2-19 所示的"产品配置（Product Configuration）"对话框。

单击 Next 按钮完成产品配置，进入如图 2-20 所示的"安装完成"对话框，单击 Finish 按钮关闭对话框，至此 MySQL 服务器已经安装并配置完成。

安装完成后可以打开 Windows 服务，查看是否有刚安装的 MySQL 的服务，如图 2-16 所示，列表中的 MySQL80 就是刚安装的 MySQL 服务。

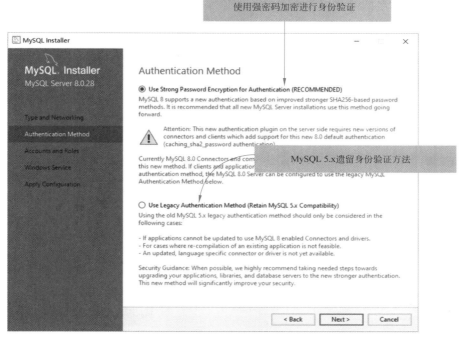

图 2-12　"身份验证方法"对话框

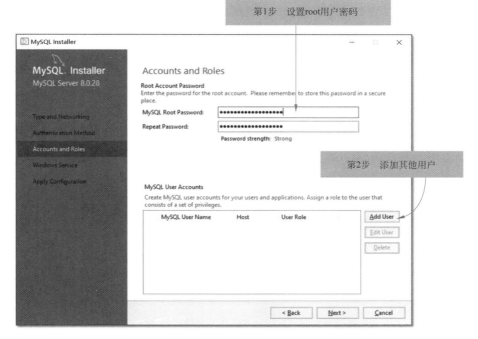

图 2-13　"账号和角色"对话框

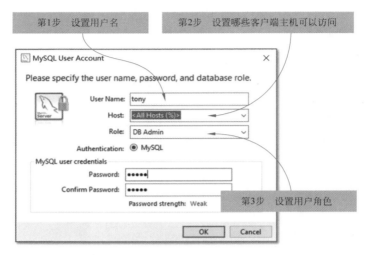

图 2-14 "创建新用户"对话框

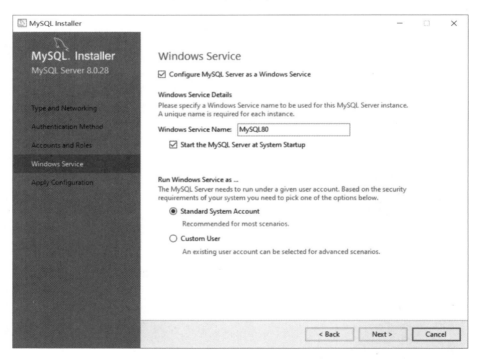

图 2-15 "Windows 服务名"对话框

图 2-16　Windows 服务列表

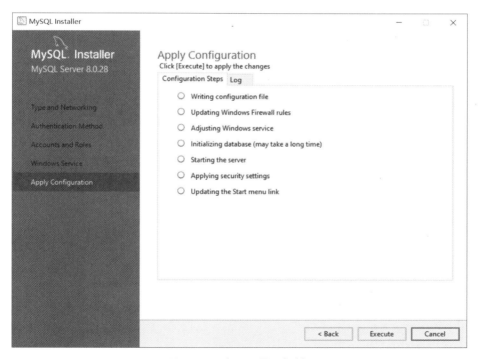

图 2-17　"应用配置"对话框

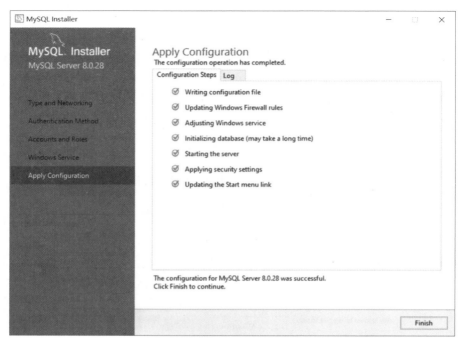

图 2-18 "配置成功"对话框

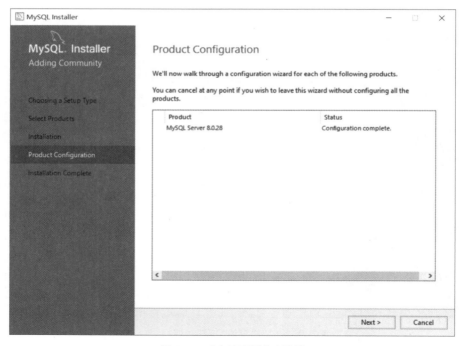

图 2-19 "产品配置"对话框

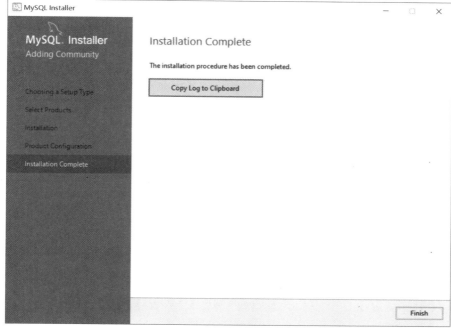

图 2-20 "安装完成"对话框

2.2.2 Linux 平台安装 MySQL

在 2.2.1 节介绍了如何在 Windows 平台安装 MySQL 数据库服务器,本节介绍如何在 Linux 平台安装 MySQL 数据库服务器。由于不同的 Linux 版本,安装 MySQL 服务器有比较大的差别,考虑到 Ubuntu 版本用户比较多,所以本书重点介绍如何在 Ubuntu 系统安装 MySQL 数据库服务器。

首先在 Ubuntu 中打开终端窗口,如图 2-21 所示。

图 2-21 终端窗口

1．更新软件仓库包索引

在 Ubuntu 终端执行如下指令，更新 Ubuntu 本地软件仓库包索引，结果如图 2-22 所示。

```
$ sudo apt update
```

图 2-22　更新 Ubuntu 本地软件仓库包索引

2．安装 MySQL

本地软件仓库包索引更新完成后，可以通过如下指令安装 MySQL，执行过程如图 2-23 所示。

```
$ sudo apt-get install mysql-server
```

图 2-23　执行过程

3. 设置防火墙

MySQL 安装完成后,还需要设置防火墙,将 MySQL 服务器添加到防火墙允许访问列表中。具体指令如下,执行过程如图 2-24 所示。

```
$ sudo ufw enable
$ sudo ufw allow mysql
```

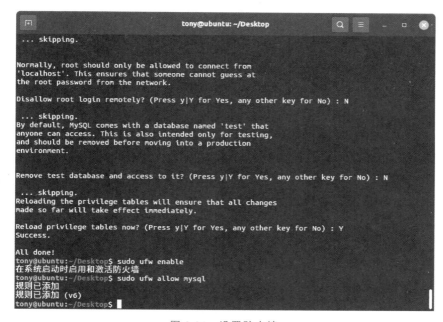

图 2-24　设置防火墙

4. 启动 MySQL 服务

设置完成后,要启动 MySQL 服务,使用如下指令实现启动 MySQL 服务。

```
$ sudo systemctl start mysql
```

如果为了保证每次系统启动后 MySQL 服务也会启动,则需要使用如下指令实现,执行过程如图 2-25 所示。

```
$ sudo systemctl enable mysql
```

5. 配置远程登录

出于开发或管理 MySQL 的目的,开发人员经常需要从 MySQL 服务器之外的客户端以 root 身份远程登录 MySQL 服务器,实现过程如下。

1)登录 MySQL 服务器

在终端中通过如下指令登录 MySQL 服务器,执行过程如图 2-26 所示。如果登录成功,则可见 MySQL 命令提示符"mysql>"。

```
$ sudo mysql
```

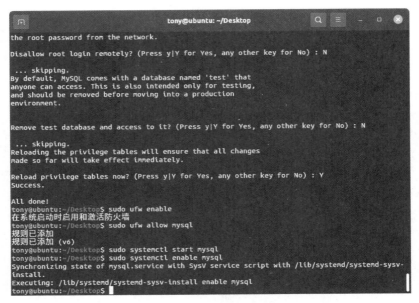

图 2-25　启动 MySQL 服务

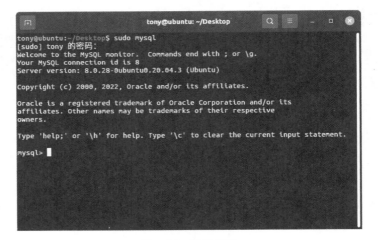

图 2-26　登录成功

2）修改 root 用户密码

在 MySQL 中使用 ALTER USER 指令修改 root 用户密码，具体指令如下：

```
ALTER USER 'root'@'localhost' IDENTIFIED WITH mysql_native_password BY '5DAZ8maHw^P * 45@n';
```

其中，5DAZ8maHw^P * 45@n 是密码，密码应该用英文半角单引号包裹起来。另外，MySQL 默认密码安全级别是中等（Medium）级别，中等级别要求密码长度大于 8 位，且密码由数字、大小写字母混合和特殊字符构成。

3）更新用户授权表

在 MySQL 中将用户授权信息保存在 user 表中，为了远程登录，需要通过如下 SQL 指令修改。

```
use mysql;                                              ①
update user set host = '%' where user = 'root';        ②
```

上述代码第①行进入 mysql 库中，MySQL 数据库中有"库"（DataBase）的概念对象，库中包括若干表，因此为了访问该表，首先要进入库（use 指令即为进入库）。代码第②行通过 update 指令更新 user 表，更新 host 字段为'%'，%表示可以在任何主机登录，如果是本机登录，则是'localhost'。

4）解除本机绑定

默认情况下，MySQL 配置为本机绑定，即只能在本机访问 MySQL 服务器，为了能在远程客户端访问服务器，需要修改 MySQL 服务器配置文件 mysqld. cnf。使用文本编辑工具打开 mysqld. cnf 文件。在终端中执行如下指令：

```
sudo  vi /etc/mysql/mysql.conf.d/mysqld.cnf
```

其中，vi 是 Linux 下的文本编辑工具。打开 mysqld. cnf 文件后，找到 bind-address = 127. 0. 0. 1 行，使用 # 符号注释掉这行代码，如图 2-27 所示，修改完成后保存并退出。

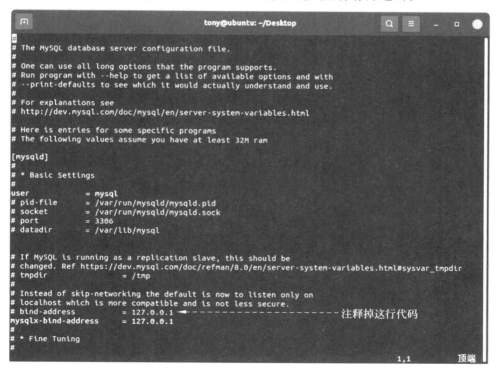

图 2-27　编辑 mysqld. cnf 文件

5）测试安装

退出后重启服务器主机，然后可以测试一下是否安装成功。在 MySQL 服务器命令提示符中输入如下指令：

```
$ mysql - h 192.168.57.129 - u root - p
```

其中，-h 参数是指定主机地址；192.168.57.129 是服务器的 IP 地址；-u 参数是指定用户；-p 参数是设置密码，按回车键后再输入密码。

6）创建用户

由于 root 用户是超级管理员，如果肆无忌惮地使用 root 用户，则会有安全隐患，因此有时需要创建普通用户，根据需要再设置其权限。

创建用户包括两个层面的问题：一是创建用户并设置密码，二是为用户分配权限。

下面通过一个示例介绍如何创建用户，如果创建一个普通用户，则用户名为 tony。

（1）创建用户。

在 MySQL 中使用 CREATE USER 指令创建用户，以下 SQL 指令是创建 tony 用户。

```
CREATE USER 'tony'@'%' IDENTIFIED BY '12345';
```

其中，12345 是密码；'%'表示该用户可以在任何主机登录。

（2）用户授权。

用户创建好之后，还需要为其授权，GRANT 指令可为用户分配权限。将所有权限分配给 tony 用户，具体指令如下：

```
GRANT ALL PRIVILEGES ON * . * TO 'tony'@'%';
FLUSH PRIVILEGES;
```

授权完成后，还要使用 FLUSH PRIVILEGES 指令更新权限表。

2.2.3　macOS 平台安装 MySQL

微课视频

2.2.1 节和 2.2.2 节分别介绍了在 Windows 和 Linux 平台下安装 MySQL 数据库服务器。考虑到 macOS 平台用户比较多，所以本节介绍如何在 macOS 平台安装 MySQL 服务器。

1. 下载 MySQL 8.0 社区版

首先参考 2.2.1 节下载基于 macOS 的 MySQL 安装文件，如图 2-28 所示。注意，要根据 CPU 选择不同的 macOS 版本，现在很多 Mac 计算机都是 ARM CPU，本书下载的是 mysql-8.0.28-macos11-x86_64.dmg 文件。如图 2-29 所示，dmg 文件是 macOS 系统的一种压缩文件。

2. 安装 MySQL

双击 dmg 文件，可以看到一个 pkg 文件，如图 2-30 所示，事实上这个 pkg 文件才是真正的安装文件包。

双击 pkg 文件开始安装。安装过程比较简单，注意如下几个步骤。

图 2-28　下载基于 macOS 的 MySQL 安装文件

图 2-29　mysql-8.0.28-macos11-x86_64.dmg 文件

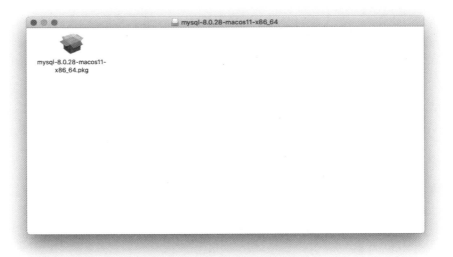

图 2-30   pkg 文件

1）选择设置密码模式

在安装最后阶段需要设置密码模式，如图 2-31 所示，有两种模式可以选择，其中遗留密
码模式是针对 MySQL 5.X 版本，MySQL 8.0 推荐使用强密码模式。

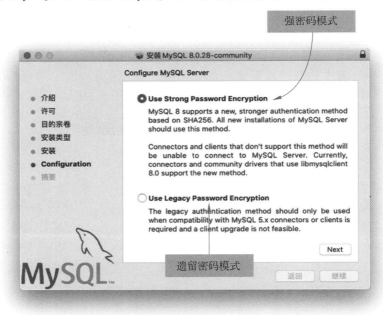

图 2-31   选择设置密码模式

2）设置密码

选择设置密码模式后，单击 Next 按钮，进入如图 2-32 所示的"设置 root 密码"对话框，这里设置的密码要包括数字、字母和特殊字符，而且长度大于 8 位，输入密码后单击 Finish 按钮，MySQL 安装完成。之后，可以在"系统偏好设置"对话框中看到有关 MySQL 的设置，如图 2-33 所示。

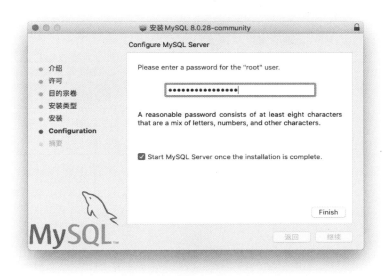

图 2-32　"设置 root 密码"对话框

3）启动和停止 MySQL 服务器

在"系统偏好设置"对话框中单击 MySQL，弹出如图 2-34 所示的"MySQL 偏好设置"对话框，在这个对话框中可以停止或启动 MySQL 服务器、初始化 MySQL 服务器以及卸载 MySQL 服务器。

3. 设置系统环境变量

为了能够在终端中管理 MySQL 服务器，需要将 MySQL 的安装路径添加到环境变量 PATH 中。在终端中通过如下指令打开 macOS 配置文件。

open ～/.zshrc

在文件的最后添加如下内容。

PATH=$PATH:/usr/local/mysql/bin

其中，:/usr/local/mysql/bin 是 MySQL 服务器的安装路径。添加完成后，保存并退出。为了能使配置马上生效，则需要执行如下指令。

source ～/.zshrc

图 2-33 "系统偏好设置"对话框

图 2-34 "MySQL 偏好设置"对话框

4. 登录 MySQL 服务器

在终端中执行如下指令登录 MySQL 服务器,如图 2-35 所示。登录成功后,可见 MySQL 命令提示符 mysql>。

```
mysql － uroot － p
```

图 2-35 登录 MySQL 服务器

5. 设置远程访问

为了远程登录,需要通过如下 SQL 指令修改,执行结果如图 2-36 所示。

```
use mysql;
update user set host = '%' where user = 'root';
```

图 2-36 设置远程访问

2.3　图形界面客户端工具

很多用户并不习惯使用命令提示符客户端工具管理 MySQL 数据库，为此可以使用图形界面客户端工具，这些图形界面工具有很多，考虑到免费且跨平台，笔者推荐使用 MySQL Workbench，它是 MySQL 官方提供的免费、功能较全的图形界面管理工具。

2.3.1　下载和安装 MySQL Workbench

在安装 MySQL 过程中，选择 MySQL Workbench 组件，就可以安装和下载 MySQL Workbench。使用2.2.1 节的 MySQL 社区版安装文件，双击安装文件，启动如图 2-37 所示的 MySQL 安装器。

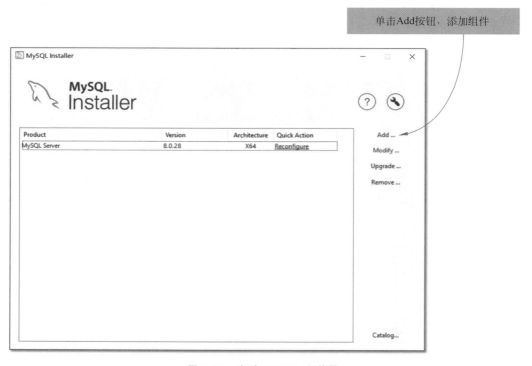

图 2-37　启动 MySQL 安装器

单击 Add 按钮添加组件，进入如图 2-38 所示的安装界面，在此选择要安装的 MySQL Workbench 组件，然后单击 ➡ 按钮将 MySQL Workbench 组件添加到右侧列表准备安装，如图 2-39 所示。

选择好 MySQL Workbench 组件后，单击 Next 按钮，进入如图 2-40 所示的安装界面，单击 Execute 按钮。

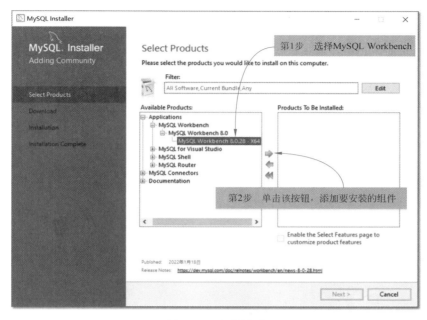

图 2-38 安装界面

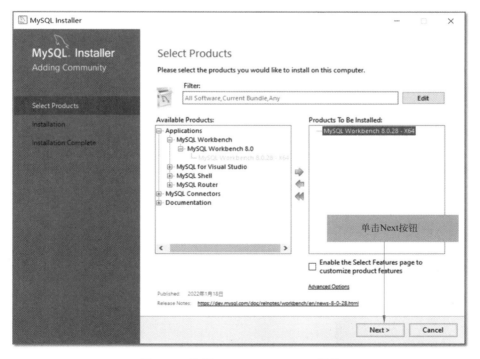

图 2-39 选择 MySQL Workbench 组件

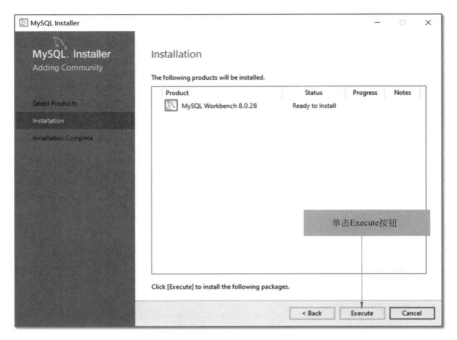

图 2-40　单击 Execute 按钮

在安装前还要下载 MySQL Workbench，如图 2-41 所示，下载完成后单击 Next 按钮开始安装。安装完成后，单击 Finish 按钮，如图 2-42 所示。

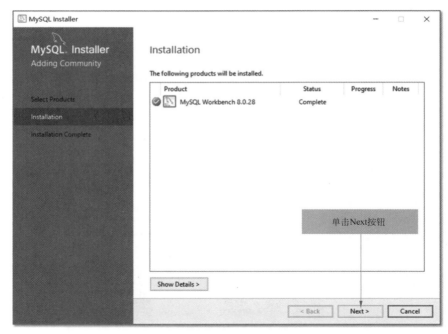

图 2-41　下载 MySQL Workbench

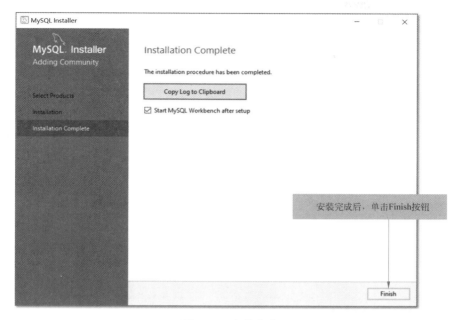

图 2-42 安装完成

2.3.2 配置连接数据库

MySQL Workbench 作为 MySQL 数据库客户端管理工具，要想管理数据库，首先需要配置数据库连接。启动 MySQL Workbench，进入如图 2-43 所示的欢迎页面。

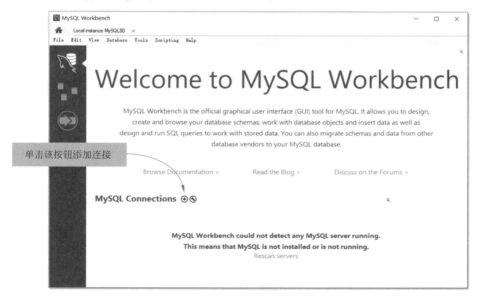

图 2-43 欢迎页面

　　在 MySQL Workbench 欢迎页面中单击"添加"按钮 ⊕，进入如图 2-44 所示的 Setup New Connection(安装新连接)对话框，在该对话框中开发人员可以为连接设置一个名字，此外，还需要设置主机名、端口、用户名和密码。设置密码时，需要单击 Store in Vault 按钮，弹出如图 2-45 所示的 Store Password For Connection(存储连接密码)对话框。所有项目设置完成后，可以测试一下是否能连接成功，单击 Test Connection 按钮测试连接，如果成功，则弹出如图 2-46 所示的对话框。连接成功后，单击 OK 按钮回到欢迎页面，其中 myconnect 是刚配置好的连接，如图 2-47 所示。

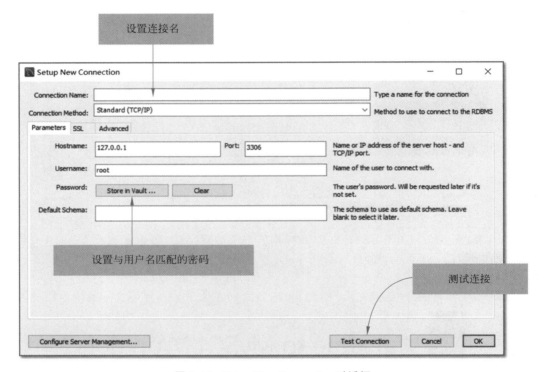

图 2-44　Setup New Connection 对话框

图 2-45　Store Password For Connection 对话框

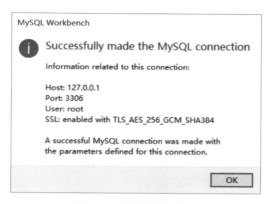

图 2-46 测试连接成功

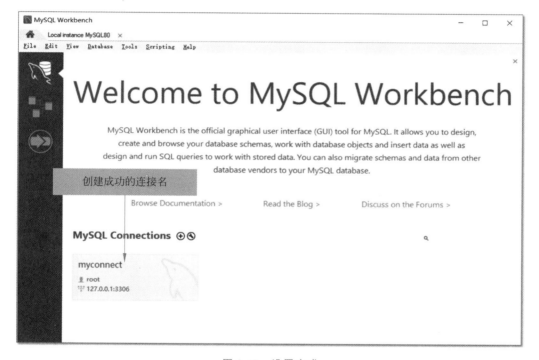

图 2-47 设置完成

2.3.3 管理数据库

双击 myconnect 连接就可以登录到 MySQL 工作台,如图 2-48 所示,其中 SCHEMAS 是当前数据库列表,在 MySQL 中 SCHEMAS(模式)就是数据库,粗体显示的数据库为当前默认数据库,如果想改变默认数据库,则右击要设置的数据库,在弹出的快捷菜单中选择 Set as Default Schema,就可以设置默认数据库了,如图 2-49 所示。

在图 2-49 的快捷菜单中还有 Create Schema 命令,可以创建数据库;Alter Schema 命

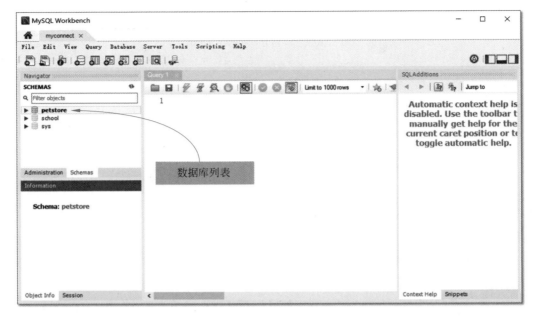

图 2-48　MySQL 工作台

图 2-49　设置默认数据库

令可以修改数据库；Drop Schema 命令可以删除数据库。

　　例如，要创建 school 数据库，则需要选择 Create Schema 命令，弹出如图 2-50 所示的对话框，在 Name 文本框中可以设置数据库名，另外还可以选择数据库的字符集，设置无误后单击 Apply 按钮应用设置。如果取消设置，则可以单击 Revert 按钮。

　　单击 Apply 按钮，弹出如图 2-51 所示的 Apply SQL Script to Database 对话框。确定无误后单击 Apply 按钮创建数据库，然后进入如图 2-52 所示的界面，单击 Finish 按钮，创建完成。

　　有关删除和修改数据库的内容不再赘述。

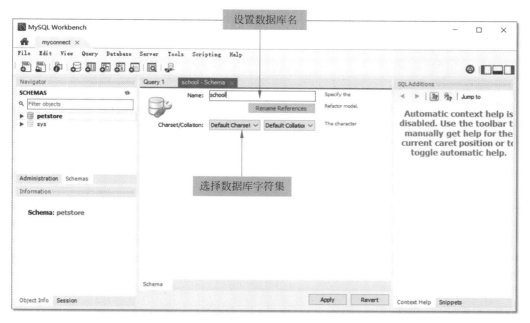

图 2-50 创建数据库

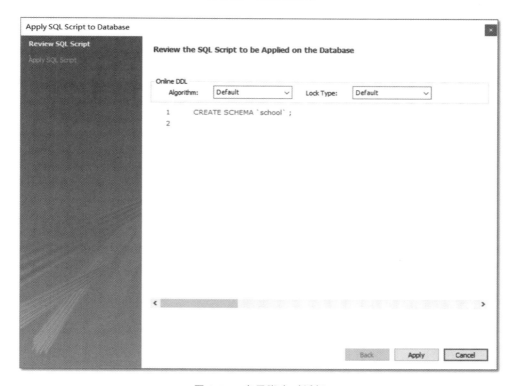

图 2-51 应用脚本对话框

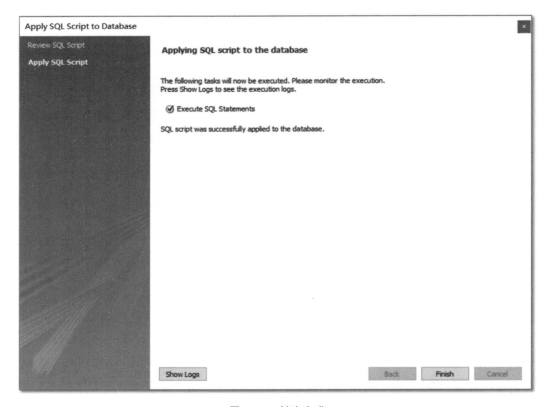

图 2-52　创建完成

2.3.4　管理表

使用 MySQL Workbench 可以管理数据库，自然也可以管理表以及浏览表中的数据。管理表时，要选中数据库，因为表是在数据库中创建的。右击数据库，在弹出的快捷菜单中选择 Tables→Create Table 命令，弹出如图 2-53 所示的对话框，开发人员在此根据自己的情况设置表名并添加表字段。

设置完成后，单击 Apply 按钮应用设置，创建表。单击 Apply 按钮后，进入如图 2-54 所示的 Apply SQL Script to Database 对话框，确定无误后单击 Apply 按钮创建表，然后进入如图 2-52 所示的界面，单击 Finish 按钮，创建完成。

2.3.5　执行 SQL 语句

如果不喜欢使用图形界面向导创建、管理数据库和表，还可以使用 SQL 语句直接操作数据库，要想在 MySQL Workbench 工具中执行 SQL 语句，则需要打开查询窗口。选择 File→New Query Tab 菜单命令或单击快捷按钮![按钮]打开查询窗口，如图 2-55 所示。

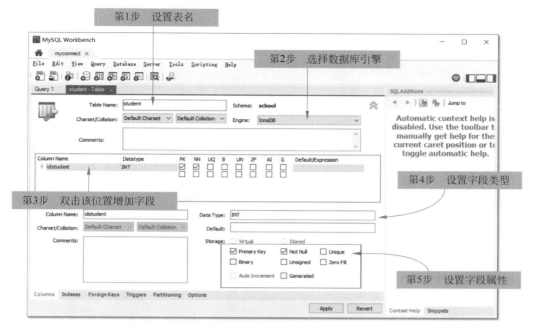

图 2-53 创建表

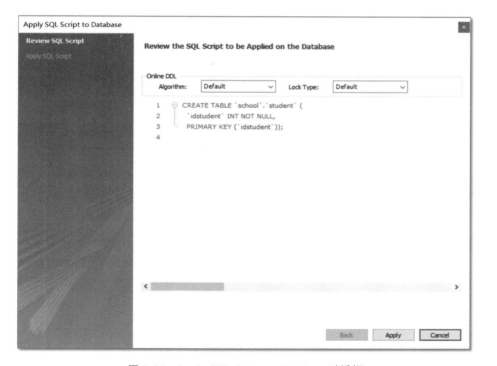

图 2-54 Apply SQL Script to Database 对话框

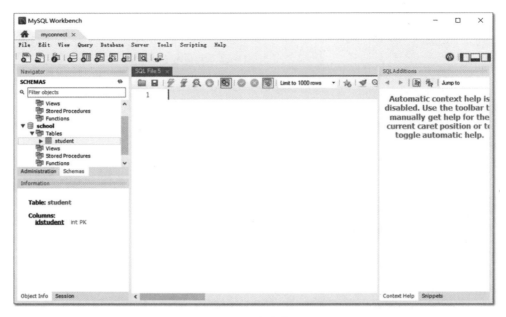

图 2-55　查询窗口

　　开发人员可以在查询窗口中输入任何 SQL 语句，如图 2-56 所示。可以单击 按钮执行 SQL 语句，注意单击该按钮时，如果有选中的 SQL 语句，则执行选中的 SQL 语句；如果没有选中任何 SQL 语句，则执行当前窗口中全部 SQL 语句。 按钮的功能是执行 SQL 语句到光标所在的位置。

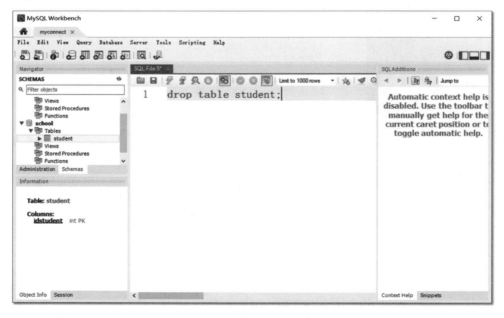

图 2-56　执行 SQL 语句

2.4　本章小结

本章重点介绍 MySQL 数据库安装和管理，包括如何在 Windows、Linux 和 macOS 等平台的安装和配置过程。

2.5　同步练习

一、简述题

在 MySQL 数据库安装过程中，说明 3 种服务器类型的区别。

二、操作题

1. 在自己的计算机上安装 MySQL 8.0 数据库。

2. 使用 MySQL Workbench 创建 MyDB 数据库（Schema）。

3. 使用 MySQL Workbench 在 MyDB 数据库中创建 teacher 表。

第 3 章

表　管　理

从本章开始将介绍一些标准的 SQL 语句，首先介绍数据定义语言中的表管理。

微课视频

3.1　管理数据库

在数据库中还有模式（Schema）概念，模式是数据库中所有对象的集合，包括表、字段、视图、索引和存储过程等。

注意　在 MySQL 中模式就是数据库，即 Database，为了防止混淆，本书统一将模式称为数据库。

3.1.1　创建数据库

在 2.3.3 节介绍了通过使用 MySQL Workbench 工具管理数据库（即 SCHEMA），这里不再赘述，本节重点介绍通过 SQL 代码创建数据库。其基本语法结构如下：

```
CREATE DATABASE db_name
```

创建数据库时 DATABASE 可以换成 SCHEMA。

例如，创建一个学校数据库（school_db）的示例代码如下：

```
-- 创建 school_db 数据库
CREATE DATABASE school_db ;
```

执行代码后会创建 school_db 数据库，SQL 代码中"--"是注释符，它与注释内容之间会保留一个空格。

执行 SQL 代码过程可以参考 2.3.5 节，这里不再赘述。

3.1.2　删除数据库

有时还需要删除数据库，删除数据库的基本语法结构如下：

```
DROP DATABASE db_name
```

删除学校数据库(school_db)的示例代码如下：

```
-- 删除数据库 school_db
DROP DATABASE school_db ;
```

上述代码执行后会删除 school_db 数据库，但是如果数据库不存在，则会发生如下错误。

```
Error Code: 1008. Can't drop database 'school_db'; database doesn't exist
```

使用 MySQL Workbench 工具执行上述 SQL 代码，结果如图 3-1 所示。

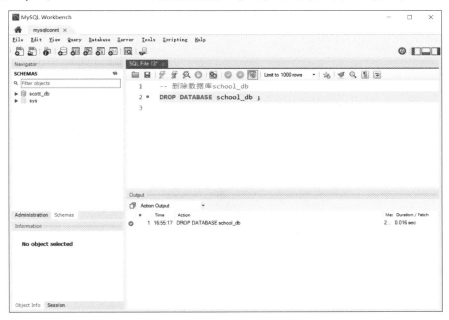

图 3-1　SQL 代码结果

为了防止试图删除不存在的数据库而引发的错误，可以使用 IF EXISTS 子句判断数据库是否存在，修改代码如下：

```
-- 删除数据库 school_db
DROP DATABASE IF EXISTS school_db;
```

3.1.3　选择数据库

由于可以有多个数据库，不同的数据库中又有很多不同的对象，因此选择哪个数据库的 SQL 语句也是非常重要的，选择数据库可以使用 USE 语句实现。

选择使用 school_db 数据库，示例代码如下：

```
-- 选择使用 school_db 数据库
USE   school_db;
```

如图 3-2 所示，有三个数据库都没有被选中，使用 USE 选择数据库后，结果如图 3-3 所示，被选中的数据会以加粗字体显示。

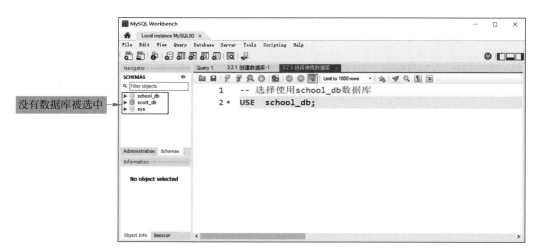

图 3-2　没有数据库被选中

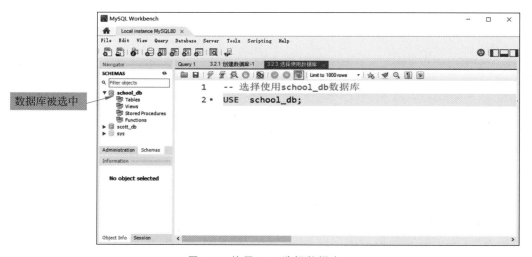

图 3-3　使用 USE 选择数据库

微课视频

3.2　创建表

表管理包括创建、修改和删除表操作，本节介绍创建表。

在数据库中创建表，可以使用 CREATE TABLE 语句。CREATE TABLE 语句的基本语法结构如下：

```
CREATE TABLE table_name (
table_field1 datatype[(size)],
table_field2 datatype[(size)],
    …
)
```

其中,table_name 是表名;table_field1 和 table_field2 等是表中字段。表名和字段名是开发人员自定义的命名,但一般不推荐中文命名;如果有多个英文单词,推荐使用下画线分隔,如 s_id 和 s_name。

语法结构中 datatype 是字段的数据类型;size 指定数据类型所占用的内存空间。注意语法结构中"[]"括号中的内容可以省略,因此[(size)]表示 size 是可以省略的。如果要定义多个字段,则字段之间要用逗号","分隔,但是最后一个字段之后要省略逗号。

下面通过示例熟悉 CREATE TABLE 语句的使用,创建学生表,结构如表 3-1 所示。

表 3-1 学生表

字 段 名	数 据 类 型	长 度	备 注
s_id	INTEGER		学号
s_name	VARCHAR(20)	20	姓名
gender	CHAR(1)	1	性别,F 表示女,M 表示男
PIN	CHAR(18)	18	身份证号码

创建学生表的示例代码如下:

```
-- 3.2 创建表.sql
--   创建学生表的语句
CREATE TABLE student(
    s_id     INTEGER,           -- 学号                        ①
    s_name   VARCHAR(20),       -- 姓名                        ②
    gender   CHAR(1),           -- 性别,'F'表示女,'M'表示男      ③
    PIN      CHAR(18)           -- 身份证号码                    ④
)
```

由于创建表是属于 DDL 语句,因此该表的 SQL 可以命名为.ddl 或.sql。它是一个文本文件,可以通过任何文本编辑工具进行编辑。这种文件通常可以通过数据库管理工具执行,因此也称为脚本文件。

上述代码第①行定义 s_id 字段,其中 INTEGER 指定字段为整数类型。

代码第②行定义 s_name 字段,VARCHAR(20)表示可变长度,且最大长度为 20 位的字符串类型。

代码第③行定义 gender 字段,CHAR(1)表示固定长度为 1 位的字符串类型,其取值为'F'或'M'。

代码第④行定义 PIN 字段,目前身份证号码为 18 位字符串,因此该字段数据类型设置为 CHAR(18),表示固定长度为 18 位的字符串类型。

注意 上述代码运行会创建 student 表,但是如果没有使用 USE 选中数据库,而且也没有设置默认数据库,则会发生 Error Code:1046. No database selected 错误。

3.3　字段数据类型

在创建表时,要求为每个字段指定具体的数据类型。关系数据共分为 4 种：字符串数据、数字数据、日期时间数据和大型对象。

3.3.1　字符串数据

大多数数据库都提供以下两种字符串类型。

(1) 固定长度(CHAR)：固定长度字符串总是占据等量的内存空间,不管实际上在它们存储的数据量有多少。

(2) 可变长度(VARCHAR)：可变长度的字符串只占据它们的内容所消耗的内存量。

例如,CHAR(2)表示固定两个字节长度的字符串,当只输入一个字节时,对于不足字符数据库会用空格补位,能够使之始终保持两个字节,这就是所谓的固定长度的字符串;VARCHAR(2)表示可变两个字节长度的字符串,当输入的字符串不足两个字节时,数据库不会补位。

 如果不能确定字符串字段长度可以使用 TEXT 类型。它可以存储大量的文字数据。

3.3.2　数字数据

大多数数据库都提供至少两种数字数据类型：整数(INTEGER)、浮点数(FLOAT 或 REAL)。

整数和浮点数可以统一用 numeric[(p[,s])]类型表示。其中,numeric 表示十进制数字类型;p 为精度,即整数位数与小数位数之和;s 为小数位数。此外,还有一些数据库提供更加独特的数字类型。

3.3.3　日期和时间数据

大多数关系数据库支持的另一种独特的数据类型是日期和时间数据。数据库处理时间数据的方式有很多种,日期的存储和显示方法都可以变化,有些数据库还支持更多类型的时间数据。本质上,关系数据库所支持的 3 种日期时间数据类型为日期、时间、日期+时间组合。

3.3.4 大型对象

大多数数据库为字段提供大型对象类型数据,大型对象主要分为以下两种数据类型。

(1) 字符串大型对象(CLOB):字符串大型对象保存大量的文本数据。有的数据库中字符串大型对象可以容纳高达 4GB 的数据,有的数据库提供使用 TEXT 作为字符串大型对象数据类型。

(2) 二进制大型对象(BLOB):二进制大型对象保存大量的二进制数据,如图片、视频等二进制文件数据。

3.4 指定键

键是数据库的一种约束行为,它对于防止数据重复、保证数据的完整性是非常重要的,在定义表时可以指定键,这些键包括候选键(CK)、主键(PK)和外键(FK)。

3.4.1 指定候选键

微课视频

指定表的候选键使用 UNIQUE 关键字实现,语法有如下两种。

1. 在定义字段时指定

示例代码如下:

```
--   指定候选键
--   创建学生表语句
CREATE TABLE student(
    s_id      INTEGER,               -- 学号
    s_name    VARCHAR(20),           -- 姓名
    gender    CHAR(1) ,              -- 性别,'F'表示女,'M'表示男
    PIN       CHAR(18) UNIQUE        -- 身份证号码            ①
)
```

上述代码第①行定义 PIN 字段,可见在定义 PIN 字段后面使用 UNIQUE 关键字,这样就将 PIN 字段指定为候选键了。

2. 在 CREATE TABLE 语句结尾处添加 UNIQUE 子句指定

示例代码如下:

```
--   指定候选键
--   创建学生表语句
CREATE TABLE student(
    s_id      INTEGER,               -- 学号
    s_name    VARCHAR(20),           -- 姓名
    gender    CHAR(1),               -- 性别,'F'表示女,'M'表示男
    PIN       CHAR(18),              -- 身份证号码
    UNIQUE    (PIN)                  -- 定义身份证号码为候选键      ①
)
```

上述代码第①行在 CREATE TABLE 语句结尾处添加 UNIQUE 子句（单独一行），注意它与其他字段定义语句用逗号分隔。

学生表创建完成后，可以使用 MySQL Workbench 测试候选键，如图 3-4 所示。试图通过 INSERT 语句插入两条数据，注意它们的 PIN 字段数据（即 51 **************** 3）是重复的，则会引发违反候选键约束错误"Error Code：1062. Duplicate entry '51 **************** 3' for key 'student. PIN'"。

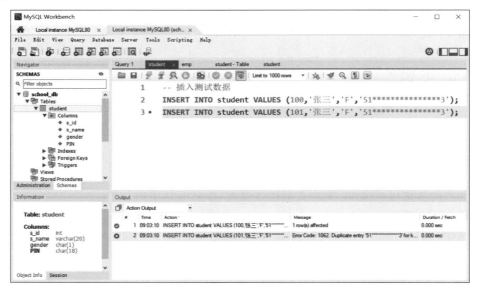

图 3-4　测试候选键

候选键可以是一个字段或多个字段的组合，上述示例介绍的是一个字段作为候选键的情况，下面再介绍多字段组合作为候选键的示例，该示例是创建一个学生成绩表（student_score）。学生成绩表的相关信息如表 3-2 所示。

表 3-2　学生成绩表的相关信息

字　段　名	数 据 类 型	长　　度	是否为候选键	备　　注
s_id	INTEGER		是	学号
c_id	INTEGER		是	课程编号
score	INTEGER		否	成绩

创建学生成绩表的示例代码如下：

```
--　指定多字段候选键
--　创建学生成绩表语句
CREATE TABLE student_score(
    s_id    INTEGER,                        --　学号
    c_id    INTEGER,                        --　课程编号
    score   INTEGER,                        --　成绩
```

```
    UNIQUE  (s_id,c_id)                          -- 定义多字段组合候选键        ①
)
```

上述代码第①行指定 s_id 和 c_id 字段为组合候选键。

学生成绩表创建完成后，可以测试候选键，使用 MySQL Workbench 测试候选键，试图通过 INSERT 语句插入数据，如图 3-5 所示，如果候选键数据重复会引发错误"Error Code：1062．Duplicate entry '100-2' for key 'student_score．s_id'"。

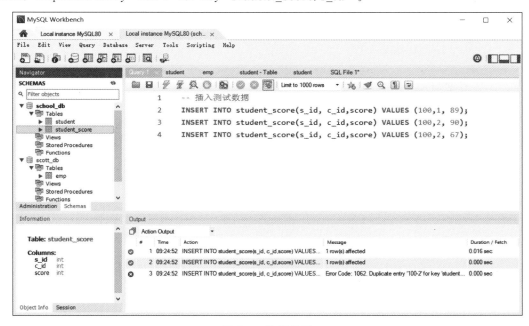

图 3-5　执行结果

3.4.2　指定主键

可以使用 PRIMARY KEY 关键字指定主键，它可以与 UNIQUE 关键字一起使用在 CREATE TABLE 语句中。指定主键的方法也有如下两种。

微课视频

1．定义字段时指定

示例代码如下：

```
-- 指定主键
-- 创建学生表语句
CREATE TABLE student(
    s_id    INTEGER PRIMARY KEY,                 -- 学号                 ①
    s_name  VARCHAR(20),

    s_name  VARCHAR(20),
    gender  CHAR(1),
    PIN     CHAR(18) UNIQUE
)
```

上述代码第①行定义 s_id 字段，可见在定义 s_id 字段后面使用 PRIMARY KEY 关键字，这样就将 s_id 字段指定为主键了。

2. 在 CREATE TABLE 语句结尾处添加 PRIMARY KEY 子句指定

示例代码如下：

```
--  指定主键
--  创建学生表语句
CREATE TABLE student (
    s_id    INTEGER ,              -- 学号
    s_name  VARCHAR(20),
    gender  CHAR(1),
    PIN  CHAR(18) UNIQUE,                          ①
    PRIMARY KEY(s_id)                              ②
)
```

上述代码第①行指定候选键，代码第②行指定主键。主键和候选键都可以防止数据重复，读者可以参考候选键测试一下，这里不再赘述。

主键也可以是一个字段或多个字段的组合，修改学生成绩表，如表 3-3 所示，学生成绩表的主键是由 s_id 和 c_id 两个字段组合而成。

表 3-3 修改学生成绩表

字 段 名	数 据 类 型	长 度	是否为主键	备 注
s_id	INTEGER		是	学号
c_id	INTEGER		是	课程编号
score	INTEGER		否	成绩

创建学生成绩表代码如下：

```
--  指定主键
--  创建学生成绩表语句
CREATE TABLE student_score(
    s_id    INTEGER,                    -- 学号
    c_id    INTEGER,                    -- 课程编号
    score   INTEGER,                    -- 成绩
    PRIMARY KEY  (s_id,c_id)            -- 定义多字段组合主键         ①
)
```

上述代码第①行指定 s_id 和 c_id 字段为主键。

3.4.3 指定外键

微课视频

指定外键使用 REFERENCES 关键字实现，将表 3-3 所示的学生成绩表中的学号字段（s_id）引用到表 3-1 所示的学生表中的学号字段（s_id）。学生成绩表称为子表，学生表称为父表。

提示 这种表之间的外键关联关系,通过文字描述不够形象,在数据库设计中这种

关系可以通过 ER(实体关系)图描述。如图 3-6 所示,学生成绩表有两个外键(学号、课程编号),学生成绩表通过学号关联到学生表。另外,学生成绩表通过课程编号关联到课程表。

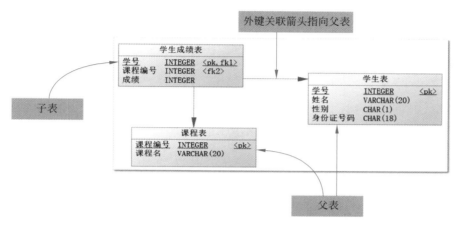

图 3-6 ER 图

指定外键的方法也有两种。

1. 在定义字段时通过 REFERENCES 关键字指定

示例代码如下:

```
--   指定外键
--   创建学生成绩表语句
CREATE TABLE student_score(
    s_id      INTEGER REFERENCES student(s_id),     --  学号          ①
    c_id      INTEGER,                              --  课程编号
    score     INTEGER,                             --  成绩
    PRIMARY KEY  (s_id,c_id)
)
```

上述代码第①行定义 s_id 字段,可见在定义 s_id 字段时,后面使用 REFERENCES 关键字指定外键关联的父表以及字段,这里的 s_id 字段就是外键。

2. 在 CREATE TABLE 语句结尾处添加 FOREIGN KEY 子句指定

示例代码如下:

```
--   指定外键
--   创建学生成绩表语句
CREATE TABLE student_score(
    s_id      INTEGER ,                            --  学号
    c_id      INTEGER,                             --  课程编号
    score     INTEGER,                             --  成绩
```

```
    PRIMARY KEY   (s_id,c_id),
    FOREIGN KEY (s_id) REFERENCES student(s_id)                    ①
)
```

上述代码第①行是 FOREIGN KEY 子句，FOREIGN KEY 关键字后面（s_id）是指定表外键。

微课视频

3.5　其他约束

除了指定键约束外，表管理时还可以指定默认值、禁止空值和设置 CHECK 约束等。

3.5.1　指定默认值

在定义表时可以为字段指定默认值，使用 DEFAULT 关键字实现。例如，在定义学生表时，可以为性别字段设置默认值为'F'。示例代码如下：

```
-- 创建学生表
-- 指定默认值
CREATE TABLE student(
    s_id    INTEGER,              -- 学号
    s_name  VARCHAR(20),          -- 姓名
    gender  CHAR(1) DEFAULT 'F',  -- 性别,'F'表示女,'M'表示男,默认值为'F'        ①
    PIN     CHAR(18) UNIQUE       -- 身份证号码
)
```

上述代码第①行是为性别（gender）字段设置默认值'F'，'F'表示是女性。当没有给性别字段提供数据时，数据库系统会为其提供默认值'F'。

3.5.2　禁止空值

有时输入空值会引起严重的程序错误，在定义字段时，可以使用 NOT NULL 关键字设置字段禁止输入空值。

示例代码如下：

```
-- 创建学生表
-- 禁止空值
CREATE TABLE student(
    s_id   INTEGER,                     -- 学号
    s_name VARCHAR(20) NOT NULL,        -- 姓名            ①
    gender CHAR(1) DEFAULT 'F',         -- 性别,'F'表示女,'M'表示男,默认值为'F'
    PIN    CHAR(18) UNIQUE              -- 身份证号码
)
```

上述代码第①行是为姓名（s_name）字段设置禁止空值。插入数据时，如果没有为姓名（s_name）字段提供数据，则会引发错误"Error Code：1364. Field 's_name' doesn't have a default value"。

3.5.3　设置 CHECK 约束

CHECK 关键字用来限制字段所能接收的数据。例如,在学生成绩表中可以限制成绩
(score)字段的值为 0～100。示例代码如下:

```
--    指定外键
--    创建学生成绩表语句
CREATE TABLE student_score(
    s_id    INTEGER REFERENCES student(s_id),               -- 学号
    c_id    INTEGER,                                         -- 课程编号
    score   INTEGER  CHECK (score >= 0 AND  score <= 100),   -- 成绩      ①
     PRIMARY KEY  (s_id,c_id)
)
```

上述代码第①行定义 score 字段时设置对该字段的限制,CHECK 关键字后面的表达式
"(score >= 0 AND score <= 100)"是限制条件,其中>= 和<= 为条件运算符,AND 为逻辑
运算符,表示"逻辑与",类似的还有 OR 表示"逻辑或",NOT 表示"逻辑非"。有关添加运算
符和逻辑运算符将在第 7 章详细介绍。

学生成绩表创建完成后,可以测试 CHECK 约束,如图 3-7 所示。通过 INSERT 语句
插入数据时,试图为 score 字段输入−20,则会引发"Error Code: 1136. Column count doesn't
match value count at row 1"错误。

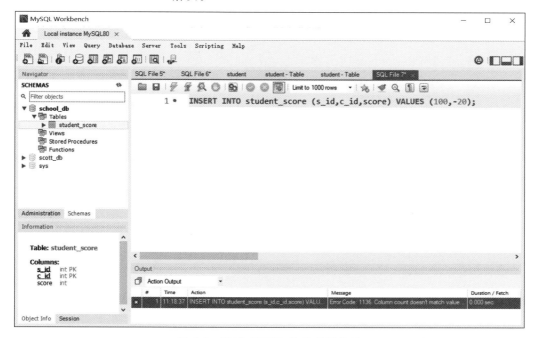

图 3-7　测试 CHECK 约束执行结果

微课视频

3.6 修改表

表建立后，由于某种原因需要修改表的结构或字段的定义，可以使用 ALTER TABLE 语句修改。下面介绍如何通过 ALTER TABLE 语句修改表名、添加字段和删除字段等。

3.6.1 修改表名

修改表名的 ALTER TABLE 语句，基本语法如下：

```
ALTER TABLE table_name
RENAME TO  new_table_name
```

其中，table_name 为要修改的表名；new_table_name 为修改后的表名。

注意 不同的数据库中 ALTER TABLE 语句有很大的不同，上述 ALTER TABLE 语句语法主要支持 Oracle 和 MySQL 数据库。

示例代码如下：

```
--  修改表名
--  将表名 student 修改为 stu_table
ALTER TABLE student RENAME TO stu_table;                    ①
```

上述代码第①行将 student 表名修改为 stu_table，如图 3-8 所示。

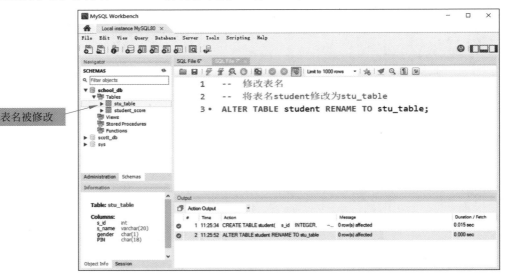

图 3-8 修改表名执行结果

3.6.2　添加字段

有时表已经创建好，甚至已经使用一段时间，并且表中已经有了一些数据，这时要在表中添加字段，如果删除表，再重新创建表代价很大。此时，可以使用 ALTER TABLE 中的 ADD 语句在现有表中添加字段，语法如下：

```
ALTER TABLE table_name ADD field_name datatype[(size)]
```

其中，table_name 为要修改的表名；field_name 为要添加的字段。

以下代码是在 student 表中添加两个字段。

```
--    在现有表中添加生日和电话字段
ALTER TABLE student ADD      birthday CHAR(10);            ①
ALTER TABLE student ADD      phone VARCHAR(20);            ②
```

上述代码第①行在 student 表中添加 birthday 字段，代码第②行在 student 表中添加 phone 字段。在 MySQL Workbench 中执行上述 SQL 语句，结果如图 3-9 所示。

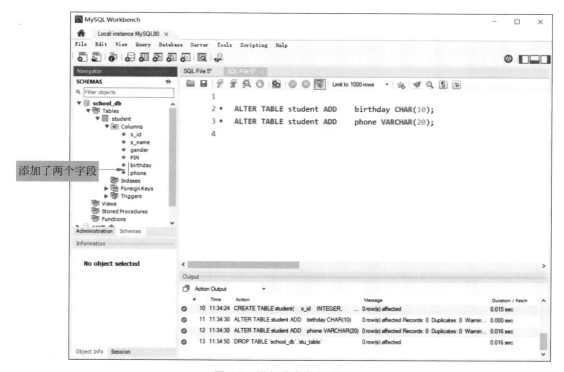

图 3-9　添加字段执行结果

3.6.3　删除字段

既然可以在现有表中添加字段，当然也可以在现有表中删除字段。可以使用 ALTER

TABLE 中的 DROP COLUMN 语句在现有表中删除字段，语法如下：

```
ALTER TABLE  table_name  DROP COLUMN field_name
```

以下代码是从 student 表中删除 birthday 字段。

```
--   在现有表中删除生日字段
ALTER TABLE student DROP COLUMN birthday;                    ①
```

上述代码第①行从 student 表中删除 birthday 字段，在 MySQL Workbench 中执行上述 SQL 语句，结果如图 3-10 所示。

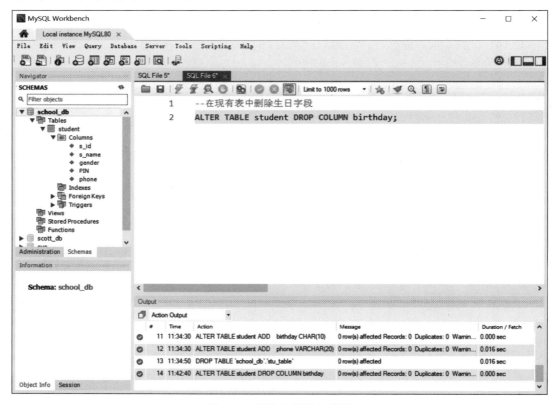

图 3-10　删除字段执行结果

3.7　删除表

通过 DROP TABLE 语句实现删除表，语法如下：

```
DROP TABLE [IF EXISTS] table_name
```

注意中括号[…]中的内容是可以省略的。

删除 student 表的示例代码如下：

```
--   删除学生表
DROP TABLE student;                                            ①
```

上述代码执行结果如图 3-11 所示，可见 student 表被删除了。

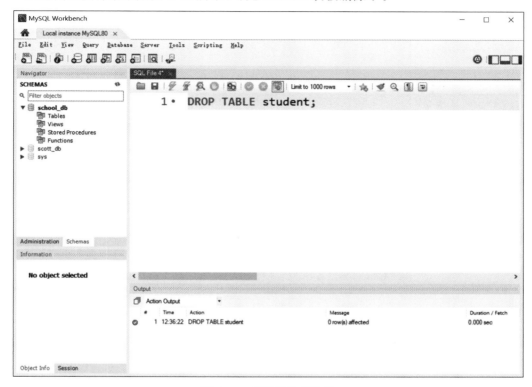

图 3-11 删除表执行结果

但是如果要删除的表不存在，则发生"Error Code：1051. Unknown table 'school_db. student'"错误。

为了防止错误发生，可以使用 IF EXISTS 子句判断表是否存在，示例代码如下：

```
DROP TABLE IF EXISTS student;
```

上述示例代码执行时，如果表不存在，则不会发生错误，但会发出警告："1051 Unknown table 'school_db. student'"，如图 3-12 所示。

3.8 本章小结

本章重点介绍使用 SQL 创建表，其中包括为字段指定数据类型、指定键以及设置约束等，指定的键还可以细分为候选键、外键和主键。最后介绍修改表和删除表操作。

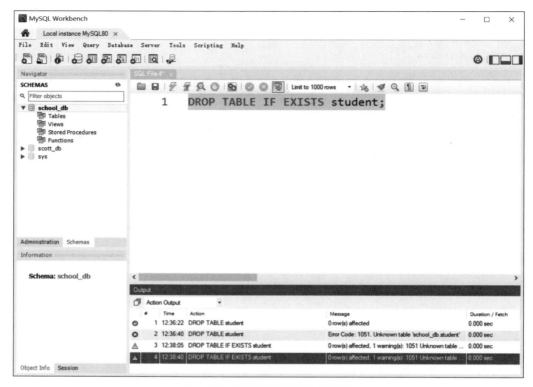

图 3-12　表不存在时的执行结果

3.9　同步练习

一、简述题

1. 简述什么是表记录和字段。

2. 简述主键、候选键和外键的区别。

二、操作题

1. 使用命令提示符工具登录 MySQL 数据库服务器，并创建 MyDB 数据库。

2. 使用命令提示符工具登录 MySQL 数据库服务器，并在 MyDB 数据库中创建 teacher 表。

三、选择题

下列哪些约束可以防止数据重复？（　　　）

A. UNIQUE　　　B. FOREIGN KEY　　　C. PRIMARY KEY　　　D. CHECK

第 4 章

视 图 管 理

在第 3 章介绍了 DDL 中的表管理,本章将介绍视图管理。

4.1 视图概念

微课视频

视图是从一个或几个其他表或视图中导出的虚拟表,视图中的数据仍存放在导出视图的基本表(简称基表)中。视图在概念上与基本表等同,用户可以在视图上再定义视图。如图 4-1 所示,v_t1_t2_t3_视图数据来自 3 个基表,即表 1、表 2 和表 3。

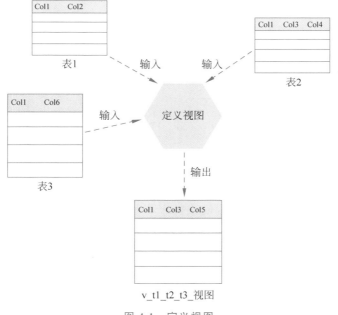

图 4-1　定义视图

使用视图的优势如下:

(1) 视图可以表示表中数据的子集,如由于需要经常查询学生表中成绩大于 80 分的学生数据,则可以针对这些数据定义一个视图。

（2）视图可以简化查询操作，如对于经常使用的多表连接查询，可以定义一个视图。

（3）视图可以充当聚合表，对数据经常会进行聚合操作（如求和、平均值、最大值和最小值等），如果需要经常进行这种操作，则可以定义一个视图。

（4）视图能够对机密数据提供安全保护，如老板不希望一般员工看到其他人的工资，这种情况下可以定义一个视图，将工资等敏感字段隐藏起来。

 注意 由于视图是不存储数据的虚表，因此对视图的更新（INSERT、DELETE 和 UPDATE）操作最终要转换为对基本表的更新。不同的数据库对于更新视图有不同的规定和限制，因此，使用视图通常只是方便查询数据，而很少更新数据。

4.2　创建视图

视图管理包括创建视图、修改视图和删除视图等操作，本节先介绍创建视图。

4.2.1　案例：Oracle 自带示例——SCOTT 用户数据

为了学习创建视图，这里先介绍所用到的 Oracle 自带示例的 SCOTT 用户数据。图 4-2 所示为 SCOTT 用户下 ER 图，可见员工表通过所在部门字段关联部门表的编号。

图 4-2　ER 图

读者可以根据图 4-2 中的 ER 图，创建员工表和部门表。可以通过图形界面功能创建表，但笔者更推荐采用建表脚本创建，这样可以使读者熟悉数据库的建表语句。建表脚本代码如下：

```
-- 删除数据库 scott_db
DROP DATABASE IF EXISTS scott_db;

-- 创建 scott_db 数据库
CREATE DATABASE scott_db ;                    ①
-- 选择使用 school_db 数据库
USE  scott_db;
```

```
--   删除员工表
drop table if exists EMP;
--   删除部门表
drop table if exists DEPT;

--   创建部门表
create table DEPT
(
    DEPTNO              int not null,            -- 部门编号
    DNAME               varchar(14),             -- 名称
    loc                 varchar(13),             -- 所在位置
    primary key (DEPTNO)
);


--   创建员工表

create table EMP
(
    EMPNO               int not null,            -- 员工编号
    ENAME               varchar(10),             -- 员工姓名
    JOB                 varchar(9),              -- 职位
    MGR                 int,                     -- 员工顶头上司
    HIREDATE            char(10),                -- 入职日期
    SAL                 float,                   -- 工资
    comm                float,                   -- 奖金
    DEPTNO              int,                     -- 所在部门
    primary key (EMPNO),
    foreign key (DEPTNO) references DEPT (DEPTNO)
);
```

上述代码先创建数据库 scott_db，然后再创建两个表，具体代码在第 3 章已经介绍过，这里不再赘述。表创建好了，可以使用 INSERT 语句插入数据，参考代码如下：

```
--   插入部门数据
insert into DEPT (DEPTNO, DNAME, LOC)
values (10, 'ACCOUNTING', 'NEW YORK');
insert into DEPT (DEPTNO, DNAME, LOC)
values (20, 'RESEARCH', 'DALLAS');
insert into DEPT (DEPTNO, DNAME, LOC)
values (30, 'SALES', 'CHICAGO');
insert into DEPT (DEPTNO, DNAME, LOC)
values (40, 'OPERATIONS', 'BOSTON');
```

```
--   插入员工数据
insert into EMP (EMPNO, ENAME, JOB, MGR, HIREDATE, SAL, COMM, DEPTNO)
values (7369, 'SMITH', 'CLERK', 7902, '1980 - 12 - 17',   800, null, 20);
...
values (7902, 'FORD', 'ANALYST', 7566, '1981 - 12 - 3', 3000, null, 20);
insert into EMP (EMPNO, ENAME, JOB, MGR, HIREDATE, SAL, COMM, DEPTNO)
values (7934, 'MILLER', 'CLERK', 7782, '1981 - 12 - 3', 1300, null, 10);
```

需要注意的是，由于员工数据依赖于部门数据，所以应该先插入部门数据，再插入员工数据。数据插入成功，如图 4-3 所示。

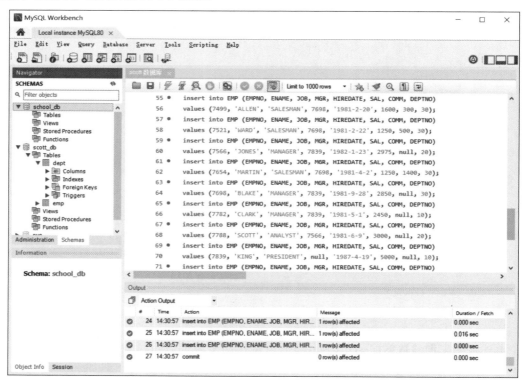

图 4-3   数据插入成功

微课视频

4.2.2   提出问题

假设需要经常列出每个部门的雇员数，可以使用以下语句进行查询。

```
--   列出每个部门的雇员数
use scott_db;

SELECT DEPTNO, count( * )
 FROM EMP
```

```
GROUP BY DEPTNO;
```

上述代码中 GROUP BY 是分组子句,有关 SELECT 以及分组,详细内容将在后面章节介绍,本节不再赘述。语句执行结果如图 4-4 所示。

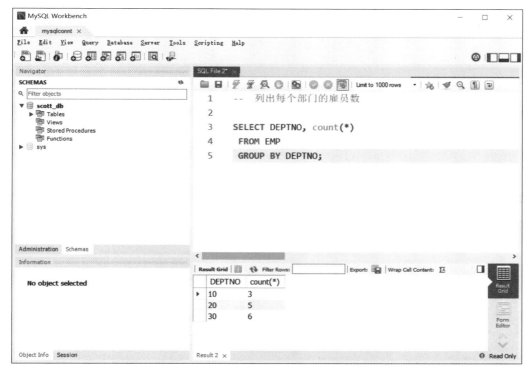

图 4-4 语句执行结果

4.2.3 解决问题

使用 4.2.2 节示例代码实现查询每个部门的雇员数,似乎并不复杂,但是如果这个查询经常使用,则每次都要编写 SQL 语句也很麻烦。此时,可为这个查询创建一个视图。其语法结构如下:

```
CREATE VIEW  view_name AS <查询表达式>
```

其中,CREATE VIEW 是创建视图关键字;AS 后面是查询表达式,它是与视图相关的 SELECT 语句。

 视图命名类似于表,但为了区分表,笔者推荐视图命名以 V_开头。

微课视频

为了查询每个部门的雇员数，可以创建一个视图，实现代码如下：

```
--   创建"查询每个部门的雇员数"视图
CREATE VIEW V_EMP_COUNT                              ①
AS                                                   ②
SELECT DEPTNO, count( * )                            ③
    FROM EMP
    GROUP BY DEPTNO;                                 ④
```

上述代码第①行 CREATE VIEW 是创建视图关键字，V_EMP_COUNT 是自定义视图名；代码第②行 AS 也是创建视图的关键字，它后面跟有查询表达式，见代码第③行到代码第④行，这个查询表达式与 4.2.2 节示例查询是一样的。

使用 MySQL Workbench 查看创建好的视图，如图 4-5 所示，从数据库结构中可以看到刚创建的 V_EMP_COUNT 视图。

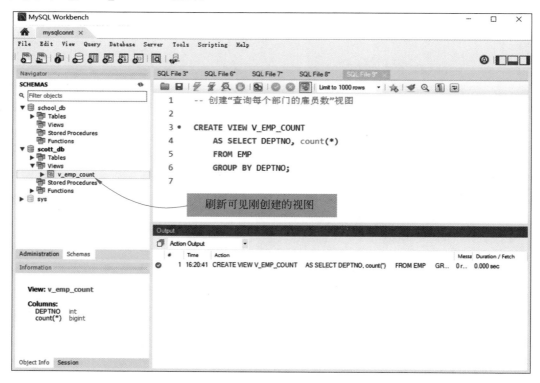

图 4-5　创建视图

在查询数据时，视图与表的使用方法一样，使用 V_EMP_COUNT 视图代码如下：

```
--   查询 V_EMP_COUNT 视图
SELECT  *  FROM V_EMP_COUNT;
```

可见查询视图与查询表没有区别，使用 MySQL Workbench 查询视图，如图 4-6 所示。

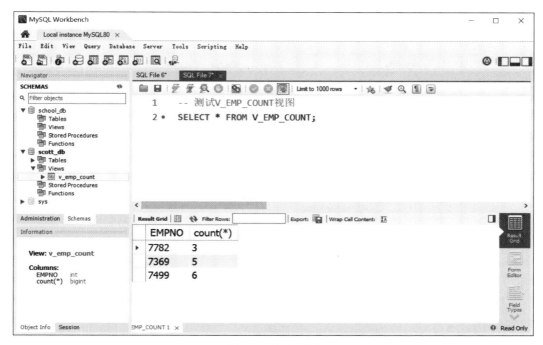

图 4-6　查询视图

微课视频

4.3　修改视图

与表类似,有时视图建立后由于某种原因需要修改。修改视图是通过 ALTER VIEW 语句实现的,其语法结构如下:

```
ALTER VIEW  视图名 AS<查询表达式>
```

可见 ALTER VIEW 与 CREATE VIEW 语句的语法相同。那么,修改 4.2.3 节创建的 V_EMP_COUNT 视图,代码如下:

```
--  修改 V_EMP_COUNT 视图
ALTER  VIEW V_EMP_COUNT (EMP_NO, NumEmployees)    ①
    AS SELECT EMPNO, count( * )
    FROM EMP
    GROUP BY DEPTNO;
```

上述代码修改了 V_EMP_COUNT 视图,事实上是重新定义视图。需要注意,代码第①行的(EMP_NO,NumEmployees)是给出视图字段名列表,这个列表与关联的 SELECT 语句对应。

使用 MySQL Workbench 查询视图,如图 4-7 所示。

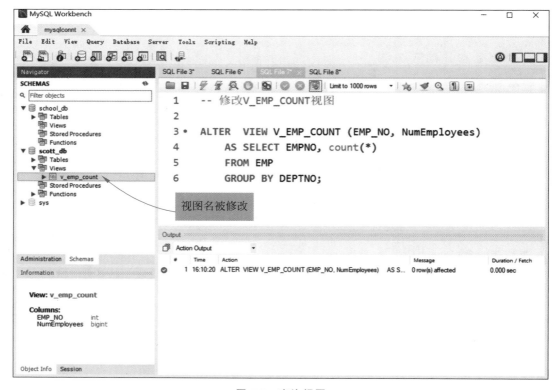

图 4-7　查询视图

微课视频

4.4　删除视图

删除视图通过执行 DROP VIEW 语句实现，语法结构如下：

```
DROP VIEW 视图名
```

删除 V_EMP_COUNT 视图的代码如下：

```
-- 删除 V_EMP_COUNT 视图
DROP  VIEW  V_EMP_COUNT;
```

上述代码实现了删除 V_EMP_COUNT 视图操作，代码很简单，不再解释。

4.5　本章小结

本章重点介绍使用 SQL 语言创建视图，然后介绍修改视图，最后介绍删除视图。

4.6　同步练习

一、简述题

简述使用视图的作用。

二、操作题

1．在 teacher 表上创建视图，用来查询年龄大于 50 岁的老师。

2．基于操作题 1 中创建的视图，用来查询年龄大于 50 岁的男老师。

3．基于操作题 2 中创建的视图进行练习。

三、选择题

下列哪些语句可以创建视图？（　　　　）

A．DROP VIEW　　　　　　　　B．ALTER VIEW

C．CREATE VIEW　　　　　　　D．CREATE TABLE

第 5 章

索 引 管 理

索引也是数据库中的一种对象,它可以提高查询数据的速度,但在插入和删除数据时,则会降低效率,在索引中保存了表中记录位置的相关信息,表的索引可以与图书目录类似,在运行查询时,首先在索引中查询,而不是在表本身中查找,之后立即跳到表中存储记录的位置。这与看书时先在目录中查找相关主题,然后到书中找具体内容的原理是一样的。

本章介绍索引管理。

微课视频

5.1 创建索引

创建索引的语法结构如下:

```
CREATE [UNIQUE] INDEX index_name ON table(field)
```

其中 UNIQUE 是创建唯一索引,index_name 是要创建的索引名,table 是要创建索引所在的表,field 是创建索引所在的字段。

创建索引的示例代码如下:

```
-- 在员工表的 EMPNO 字段上创建索引
CREATE INDEX emp_no_index ON EMP(EMPNO);
```

上述代码执行后,会在员工表的 EMPNO 字段上创建索引 emp_no_index,使用 MySQL Workbench 创建索引如图 5-1 所示。

从图 5-1 中可见除了刚创建的 emp_no_index 索引外,还有 PRIMARY 和 DEPTNO 两个索引,这些索引并没有显式地创建,它们是在创建了主键(PRIMARY)和外键(DEPTNO)的过程中伴随创建的。

提示 在创建了索引之后,每当 SQL 语句的 WHERE 子句引用索引中的字段时,会大大提高查询速度。

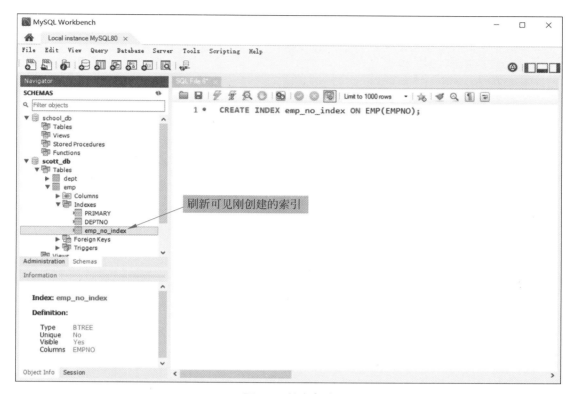

图 5-1 创建索引

两个查询的比较如下：

```
SELECT * FROM emp;                            ①
SELECT * FROM emp WHERE EMPNO IS NOT NULL;    ②
```

上述两条查询语句虽然查询结果相同，但是如果表中数据量比较大的情况下，第②行查询语句优于第①行的查询语句。

5.1.1 创建多字段组合索引

为了充分发挥索引的作用，还可以创建多个字段的组合索引，示例代码如下：

```
CREATE INDEX emp_ENAME_JOB_index ON EMP(ENAME,JOB);
```

上述代码执行后会在员工表的 ENAME 和 JOB 字段上创建索引 emp_ENAME_JOB_index，使用 MySQL Workbench 创建组合索引如图 5-2 所示。

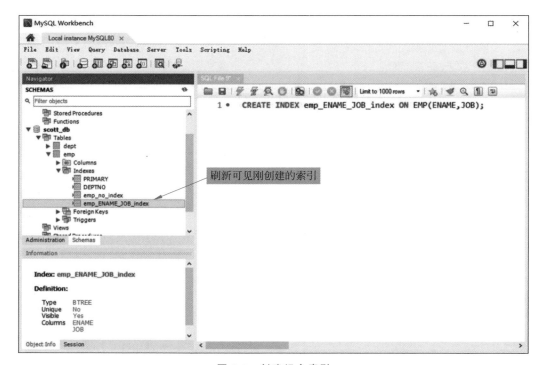

图 5-2　创建组合索引

5.1.2　创建唯一索引

在创建索引时还可以添加 UNIQUE 子句创建唯一索引,那么什么是唯一索引呢? 唯一索引是指在创建索引的同时,添加了 UNIQUE 约束,从而保证数据不会重复。

创建唯一索引示例代码如下:

```
CREATE UNIQUE INDEX emp_no_index2 ON EMP(ENAME);
```

上述代码执行后会在员工表的 ENAME 字段上创建唯一索引 emp_no_index2,使用 MySQL Workbench 创建唯一索引,如图 5-3 所示。

为了测试唯一索引的 UNIQUE 约束,可以插入 ENAME 相同的数据,测试代码如下:

```
INSERT INTO emp (EMPNO,ENAME,JOB) VALUES (8888,'刘备', '总经理');
INSERT INTO emp (EMPNO,ENAME,JOB) VALUES (8889,'刘备', '大老板');
```

插入的 ENAME 数据相同,如果使用 MySQL Workbench 测试,结果如图 5-4 所示,可见第 1 条数据可以插入,而第 2 条数据不能插入。

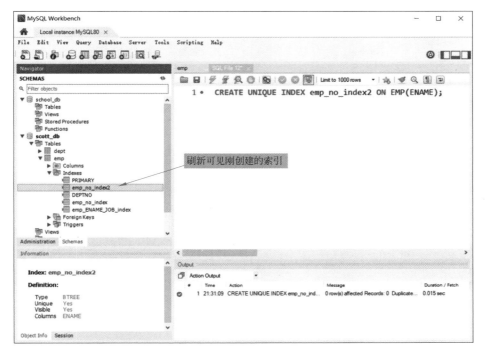

图 5-3 创建唯一索引

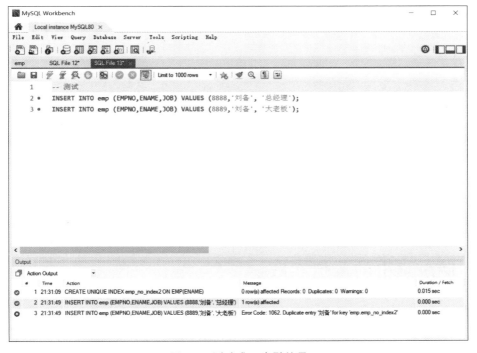

图 5-4 测试唯一索引结果

5.2 删除索引

既然可以创建索引，当然也可以删除索引，删除索引的语法结构如下：

DROP INDEX index_name ON table

删除索引示例代码如下：

DROP INDEX emp_no_index2 ON EMP;

上述代码会删除 EMP 表中的 emp_no_index2 索引，如果使用 MySQL Workbench 测试，结果如图 5-5 所示，可见 emp_no_index2 索引已经被删除。

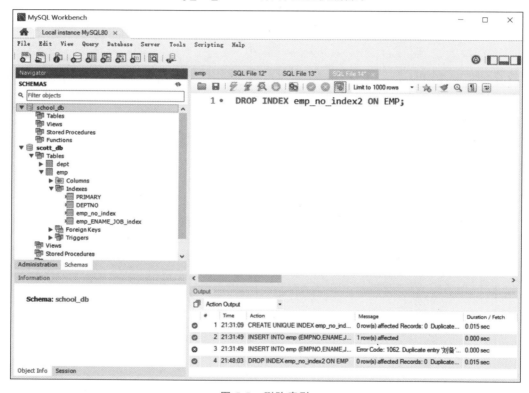

图 5-5　删除索引

5.3 使用索引的最佳实践

虽然从语法上看创建索引很简单，但是如何使用好索引并不是一件容易的事情。

在数据库中创建索引存在着很大的误区，很多人盲目地认为对一个表创建越多的索引，就可以提高数据库性能，但是并非如此。索引一方面可以提高查询速度；另一方面会降低插入和删除数据的速度,下面总结使用索引的一些最佳实践。

在如下字段上创建索引,应该遵守的原则为:

(1) 大量值字段,如果在存储大量值的字段上创建索引,索引会很好地发挥作用。

(2) 在查询中经常使用字段,在查询 WHERE 子句中使用的字段上创建索引,它能提高查询速度。

(3) 在表连接操作中经常使用字段,在表连接时,如果在连接字段上创建索引,也可以提高查询速度,有关表连接操作将在第 10 章介绍。

 事实上很难为创建索引归纳出一般性的规则,因为在各个数据库中查询优化程序有很大区别。好的建议:如果在某一字段上查询性能速度缓慢,则可以创建索引;如果创建索引使得性能提高,则保留它,否则将其删除。

5.4　本章小结

本章重点介绍使用 SQL 语言创建索引,然后介绍删除索引,最后介绍使用索引的最佳实践。

5.5　同步练习

一、简述题

简述创建索引的意义。

二、选择题

下列哪些语句可以创建索引?(　　　)

A. DROP VIEW　　　　　　　　B. CREATE VIEW

C. CREATE INDEX　　　　　　 D. CREATE TABLE

三、判断题

1. 索引可以提高更新数据的速度。(　　　)

2. 索引可以提高查询速度。(　　　)

3. 在存储大量值的字段上创建索引,索引会很好地发挥作用。(　　　)

4. 在查询 WHERE 子句中使用的字段上创建索引,它能提高查询速度。(　　　)

第6章

修 改 数 据

第3章介绍了表的定义 DDL 语句,有了表之后,就可以学习如何修改表中数据,那么从本章开始介绍数据处理语言(DML)。DML 语句包括插入、更改和删除语句。

6.1 插入数据——INSERT 语句

INSERT 语句是将新数据插入表中。INSERT 语句的基本语法结构如下:

```
INSERT INTO  table_name
[(field_list)]
VALUES
(value_list);
```

其中,table_name 是要插入数据的表名;field_list 是要插入的字段列表,它的语法形式为(field1,field2,field3,…);value_list 是要插入的数据列表,它的语法形式为(value1,value2,value3,…)。

注意 value_list 根据 field_list 的个数、顺序和数据类型插入数据。开发人员需要注意它们之间的对应关系。另外,也可以省略 field_list,省略时,value_list 按照表中字段的原始顺序(创建表时顺序)插入数据。

下面通过一个示例介绍如何使用 INSERT 语句,示例代码如下:

```
-- 插入数据
insert into EMP (EMPNO, ENAME, JOB, SAL, DEPTNO)                    ①
   values (8888, '关东升', '程序员', 8000, 20);                      ②
insert into EMP   values (8889, 'TOM', '销售人员', 7698, '1981-2-20', 1600, 3000, 30);   ③
insert into EMP (EMPNO, ENAME, JOB, SAL, DEPTNO) values (8899, 'TONY', '销售人员', 30);   ④
insert into EMP (EMPNO, ENAME)   values ('ABC', '张三');            ⑤
```

上述代码是 4 条插入数据的 SQL 语句,其中代码第①行和第②行是一条 SQL 语句,因为 SQL 语句中可以有若干空白(空格符、制表符和换行符等)。

adedate⑤⑤

代码第③行语句中的 field_list 省略了，这条 SQL 语句可以成功插入数据。

代码第④行语句不能成功插入数据，这是因为要插入的数据有 5 个，但是只提供了 4 个数据。不同数据库的报错是不同的，如果使用 MySQL Workbench 工具运行，则出现执行错误"Error Code：1136. Column count doesn't match value count at row 1"，如图 6-1 所示。

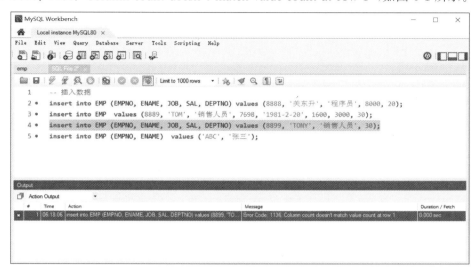

图 6-1　执行错误 1

执行代码第⑤行语句也是有错误的，虽然插入的数据个数、顺序和 field_list 一致，但是要插入 EMPNO 字段的数据类型是错误的，因为 EMPNO 字段是整数类型，而代码第⑤行提供的数据却是字符串。如果试图在 MySQL 中执行该语句，则会引发错误"Error Code：1366. Incorrect integer value：'ABC' for column 'EMPNO' at row 1"，如图 6-2 所示。

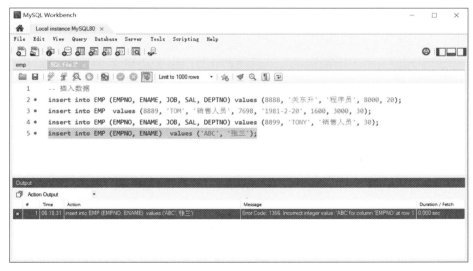

图 6-2　执行错误 2

微课视频

6.2 更改数据——UPDATE 语句

UPDATE 语句用来对表中现有数据进行更新操作，语法结构如下：

```
UPDATE table_name
SET field1 = value1, field2 = value2, ...
[WHERE condition];
```

其中，table_name 是要更新数据的表名；SET 子句后面是要更新的字段和数值对，它们之间用逗号分隔；WHERE 子句是更新的条件，符合该条件的数据会被更新。

🎯 **注意** UPDATE 语句中的 WHERE 子句可以省略，但是一定要谨慎执行 UPDATE 语句，因为它会更新表中所有数据。

下面通过示例介绍如何使用 UPDATE 语句，示例代码如下：

```
-- 更改数据
UPDATE EMP                                              ①
SET ENAME = '李四', JOB = '人力资源', DEPTNO = 30         ②
WHERE EMPNO = 8888;                                     ③

UPDATE EMP                                              ④
SET SAL = SAL + 500                                     ⑤
WHERE SAL <= 1000;                                      ⑥
```

上述代码第①～③行是一条 UPDATE 语句，其中代码第②行是 SET 子句，可见更新了两个字段，代码第③行是 WHERE 条件子句。

代码第④～⑥行是一条 UPDATE 语句，其中代码第⑥行 WHERE 条件子句是查询工资(SAL)小于或等于 1000 元的数据。如果使用 MySQL Workbench 工具执行该 SQL 语句，则会出现错误提示，如图 6-3 所示。

这个错误并非 SQL 有语法错误，而是因为 MySQL Workbench 工具提供了一种安全机制：在执行 UPDATE 或 DELETE 语句时，如果 WHERE 子句中使用了非键字段(主键、外键和候选键等)作为条件，MySQL Workbench 工具则会抛出错误。

同样的 SQL 语句，如果在命令提示符中执行，则可以成功，如图 6-4 所示。

如果想解除 MySQL Workbench 工具的限制，则可以通过选择菜单 Edit→ Preferences 命令打开"偏好设置"对话框，按照如图 6-5 所示的操作步骤，设置完成后单击 OK 按钮确定，然后重启 MySQL Workbench 工具。

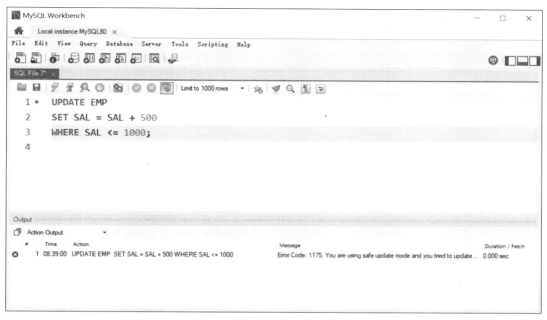

图 6-3 在 MySQL Workbench 中执行出错

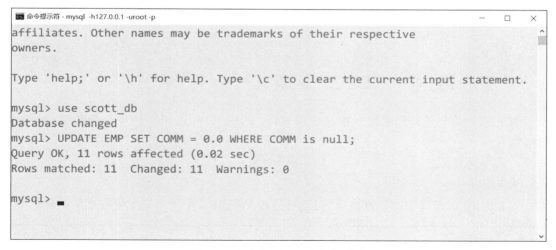

图 6-4 在命令提示符中执行成功

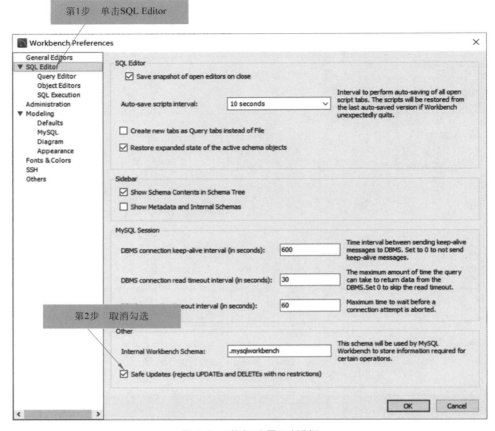

图 6-5 "偏好设置"对话框

微课视频

6.3 删除数据——DELETE 语句

DELETE 语句可以用来将数据从表中删除。DELETE 语句的结构非常简单，其语法结构如下。

```
DELETE FROM table_name
[WHERE condition];
```

其中，table_name 是要删除数据的表名，通过使用 WHERE 子句指定删除数据的条件。

注意 DELETE 语句中的 WHERE 子句与 UPDATE 语句中的 WHERE 子句一样，都可以省略，但是一定要谨慎执行这样的 DELETE 语句，因为它会删除表中所有数据。

下面通过示例介绍如何使用 DELETE 语句，示例代码如下：

```
-- 删除数据
-- 删除 EMP 表中工资小于 1000 元的数据
DELETE FROM EMP WHERE SAL < 1000;                              ①

-- 删除销售人员数据
DELETE FROM EMP WHERE JOB = 'SALESMAN';                        ②
```

上述代码第①行从 EMP 表中删除工资小于 1000 元的员工数据；代码第②行从 EMP 表中删除销售人员（SALESMAN）的员工数据。

6.4　数据库事务

微课视频

对数据库的修改过程涉及一个非常重要的概念——事务（Transaction），本节介绍数据库事务。

6.4.1　理解事务概念

提起事务，笔者就会想到银行中两个账户之间转账的例子：张三要通过银行转账给李四 1000 元，这同时涉及两个不同账户的读写操作，银行转账流程如图 6-6 所示。

银行转账任务有 4 个步骤，这 4 个步骤按照固定的流程顺序完成，所有步骤全部成功，整个任务才算成功，其中只要有一个步骤失败，整个任务就失败，这个任务就是一个事务。具体在数据库中实现这个任务就是数据库事务，数据库事务是按照一定的顺序执行的 SQL 操作。

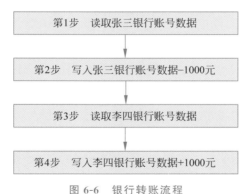

图 6-6　银行转账流程

6.4.2　事务的特性

为了保证数据库的完整性和正确性，数据库系统必须维护事务的 ACID 特性（原子性、一致性、隔离性和持久性）：

（1）原子性（Atomicity）：事务中的所有操作要么全部执行，要么都不执行。只有全部步骤成功，才提交事务，只要有一个步骤失败，整个事务回滚。例如，在银行转账的示例中，如果第 2 步成功，但由于某种原因，在执行第 4 步时失败了，那么如果没有原子性的保证，则会导致张三扣除了 1000 元，而李四却没有得到这 1000 元。

（2）一致性（Consistency）：执行事务前后数据库是一致的。例如，在银行转账的示例中，无论成功还是失败，事务完成后，张三和李四的总金额不变，既不会增加也不会减少。

（3）隔离性（Isolation）：多个事务并发执行，每个事务都感觉不到系统中有其他的事务在执行，因而也就能保证数据库的一致性。

（4）持久性（Durability）：事务成功执行后，它对数据库的修改是永久的，即使系统出现故障也不受影响。

6.4.3 事务的状态

事务执行过程中有以下几种状态：

（1）事务中止：如果在执行中发生故障，则不能执行完成的事务。

（2）事务回滚：将中止事务撤销并对数据库撤销修改。

（3）事务已提交：如果成功执行完事务后，则要提交事务（确定数据修改）。

6.4.4 事务控制

事务控制包括提交事务、回滚事务和设置事务保存点。

注意 事务控制命令仅与 DML 命令一起使用，如 INSERT、UPDATE 和 DELETE 等语句。而创建、删除表等 DDL 语句不能使用事务控制命令，因为这些操作会自动提交到数据库中。

---

1. 提交事务

COMMIT 命令用于提交事务，COMMIT 命令将自上次 COMMIT 或 ROLLBACK 命令以来的所有事务保存到数据库。COMMIT 命令的语法如下：

```
COMMIT;
```

下面通过示例熟悉 COMMIT 命令。假设要删除 EMP 表中的数据，如图 6-7 所示，删除员工编号为 7369、7499 和 7521 的数据。

提交事务代码如下：

```
-- 提交事务

DELETE FROM EMP WHERE EMPNO = 7369;
DELETE FROM EMP WHERE EMPNO = 7499;
DELETE FROM EMP WHERE EMPNO = 7521;
COMMIT;
```

图 6-7　EMP 表中的数据

上述代码执行后,员工编号为 7369、7499 和 7521 的数据被删除,如图 6-8 所示。

图 6-8　删除后的数据

2. 回滚事务

ROLLBACK 命令用于回滚事务,它用于撤销尚未保存到数据库的事务。ROLLBACK 命令的语法结构如下:

```
ROLLBACK;
```

使用 ROLLBACK 命令回滚事务,代码如下:

```
-- 回滚事务

DELETE FROM EMP WHERE EMPNO = 7369;
DELETE FROM EMP WHERE EMPNO = 7499;
DELETE FROM EMP WHERE EMPNO = 7521;


ROLLBACK;
```

上述代码执行后,会发现员工编号为 7369、7499 和 7521 的数据没有被删除。

3. 设置事务保存点

通过 SAVEPOINT 命令设置事务中的保存点,可以将事务回滚到这个点,而不是回滚整个事务。SAVEPOINT 命令的语法结构如下：

```
SAVEPOINT SAVEPOINT_NAME;
```

其中，SAVEPOINT_NAME 为自定义事务保存点名称。

设置事务保存点，代码如下：

```
-- 设置事务开始
START TRANSACTION;                                          ①
DELETE FROM EMP WHERE EMPNO = 7369;

-- 设置事务保存点
SAVEPOINT sp1;                                              ②
DELETE FROM EMP WHERE EMPNO = 7499;
DELETE FROM EMP WHERE EMPNO = 7521;

-- 将事务回滚到保存点 sp1
ROLLBACK TO SAVEPOINT sp1;                                  ③
```

上述代码第①行设置事务开始，直到事务提交或回滚事务结束；代码第②行设置事务保存点，代码第③行是回滚事务到保存点 sp1，代码执行会发现员工编号为 7369 的数据被删除，而员工编号为 7499 和 7521 的数据未被删除，如图 6-9 所示。

EMPNO	ENAME	JOB	MGR	HIREDATE	SAL	comm	DEPTNO
7499	ALLEN	SALESMAN	7698	1981-2-20	1600	300	30
7521	WARD	SALESMAN	7698	1981-2-22	1250	500	30
7566	JONES	MANAGER	7839	1982-1-23	2975	NULL	20
7654	MARTIN	SALESMAN	7698	1981-4-2	1250	1400	30
7698	BLAKE	MANAGER	7839	1981-9-28	2850	NULL	30
7782	CLARK	MANAGER	7839	1981-5-1	2450	NULL	10
7788	SCOTT	ANALYST	7566	1981-6-9	3000	NULL	20
7839	KING	PRESIDENT	NULL	1987-4-19	5000	NULL	10
7844	TURNER	SALESMAN	7698	1981-11-17	1500	0	30
7876	ADAMS	CLERK	7788	1981-9-8	1100	NULL	20
7900	JAMES	CLERK	7698	1987-5-23	950	NULL	30
7902	FORD	ANALYST	7566	1981-12-3	3000	NULL	20
7934	MILLER	CLERK	7782	1981-12-3	1300	NULL	10
NULL	NULL	NULL	NULL	NULL	NULL	NULL	NULL

图 6-9　删除 EMP 表中的数据

6.5　本章小结

本章首先重点介绍使用 SQL 修改数据，包括插入数据、更改数据和删除数据，然后介绍数据库事务概念以及事务控制。

6.6　同步练习

一、选择题

下列哪些语句是 DML 语句？（　　　）

A. UPDATE　　　B. CREATE　　　C. INSERT　　　D. DELETE

二、简述题

1. 简述使用 INSERT 语句需要注意的事情。

2. 简述使用 UPDATE 语句需要注意的事情。

3. 简述使用 DELETE 语句需要注意的事情。

三、操作题

1. 在 teacher 表中插入数据。

2. 更新 teacher 表中年龄小于 30 岁的老师工资。

3. 删除 teacher 表中年龄小于 30 岁的老师。

第 7 章

查 询 数 据

DQL 是数据查询语言,虽然 DQL 只包含 SELECT 语句,但是它是 SQL 中应用较多,也是较复杂的语句之一。由于比较复杂,所以从本章开始到第 9 章都是介绍 DQL,本章先介绍 SELECT 语句。

7.1 SELECT 语句

微课视频

SELECT 语句用于从表中查询数据,返回的结果称为结果集(Result Set)。简单的 SELECT 语句的基本语法如下:

```
SELECT field1, field2, ...
FROM table_name;
```

其中,field1,field2,…为要查询表中字段清单;table_name 指定数据从哪个表中查询而来。

7.1.1 指定查询字段

SELECT 语句中的 field1,field2,…是指定要查询的字段,它们可以改变顺序。下面通过示例熟悉 SELECT 语句的使用,该示例是从部门 DEPT 表中查询所有数据。示例代码如下:

```
-- 检索 DEPT 表中所有行
SELECT deptno,dname FROM DEPT;
```

上述代码运行结果如图 7-1 所示,从 DEPT 表中查询出 deptno 和 dname 两个字段,并且由于省略了 WHERE 子句,所以会从 DEPT 表中查询所有行。

	deptno	dname
▶	10	ACCOUNTING
	20	RESEARCH
	30	SALES
	40	OPERATIONS

图 7-1   指定查询字段查询的运行结果

7.1.2 指定字段顺序

如果不满意表中字段的顺序,则可以根据自己的喜好重新指定字段顺序,示例代码如下:

```
-- 指定字段顺序
SELECT dname,deptno FROM DEPT;
```

上述代码运行结果如图 7-2 所示，可以看到先列出 dname 字段，然后列出 deptno 字段。

dname	deptno
ACCOUNTING	10
RESEARCH	20
SALES	30
OPERATIONS	40

图 7-2　指定字段顺序查询的运行结果

7.1.3　选定所有字段

要选定某表中的所有字段，最笨的办法就是将表的所有字段逐一列出来，SELECT 语句提供的简单办法是使用 *（星号）替代所有字段。示例代码如下：

```
-- 选定所有字段
SELECT * FROM DEPT;                              ①
-- SELECT deptno,dname,loc FROM DEPT;            ②
```

上述代码第①行使用星号替代所有字段，它替代了代码第②行注释的 SQL 语句。上述代码的运行结果如图 7-3 所示，可以看出罗列了 DEPT 表的所有字段。

DEPTNO	DNAME	loc
10	ACCOUNTING	NEW YORK
20	RESEARCH	DALLAS
30	SALES	CHICAGO
40	OPERATIONS	BOSTON
NULL	NULL	NULL

图 7-3　选定所有字段查询的运行结果

提示　使用 SELECT * 时，按照创建表的字段顺序列出所有字段。

7.1.4　为字段指定别名

在字段列表中可以使用 AS 关键字为查询中的字段提供一个别名。指定别名的示例代码如下：

```
-- 为字段指定别名
SELECT deptno AS "dept no",                      ①
dname AS 部门名称,                                ②
loc AS 所在地                                     ③
FROM DEPT;
```

上述代码第②行和代码第③行为字段指定中文别名。注意，代码第①行指定的别名中间有空格，这时需要加英文半角双引号（"）把名称引起来。

上述代码运行结果如图 7-4 所示。

dept no	部门名称	所在地
10	ACCOUNTING	NEW YORK
20	RESEARCH	DALLAS
30	SALES	CHICAGO
40	OPERATIONS	BOSTON

图 7-4　为字段指定别名的运行结果

注意 无论是字段名还是别名，尽量不要采用中文命名，因为一些老的数据库系统不支持中文，而且不利于编写程序代码。

7.1.5　使用表达式

SQL 语句中还可以包含一些表达式，如在 SELECT 语句的输出字段中包含表达式，并将计算的结果输出到结果集中。这些表达式可以包含数字、字段和字符串等。使用表达式的示例代码如下：

```
-- 使用表达式
SELECT
'Hello World!',                          ①
2 + 5,                                   ②
ename
sal,
sal * 2 AS "DOUBLE SALARY"               ③
FROM EMP;
```

上述代码是从 EMP 表查询数据，代码第①～③行都使用表达式。其中，代码第①行使用了字符串表达式；代码第②行使用了包含加法运算符的表达式；代码第③行使用了乘法运算符的表达式，而且还为表达式指定了别名。

上述代码执行结果如图 7-5 所示，可见 SELECT 语句将表达式进行计算并输出结果。

Hello World!	2+5	sal	DOUBLE SALARY
▶ Hello World!	7	SMITH	1600
Hello World!	7	ALLEN	3200
Hello World!	7	WARD	2500
Hello World!	7	JONES	5950
Hello World!	7	MARTIN	2500
Hello World!	7	BLAKE	5700
Hello World!	7	CLARK	4900
Hello World!	7	SCOTT	6000
Hello World!	7	KING	10000
Hello World!	7	TURNER	3000
Hello World!	7	ADAMS	2200
Hello World!	7	JAMES	1900
Hello World!	7	FORD	6000
Hello World!	7	MILLER	2600

图 7-5　使用表达式的运行结果

7.1.6　使用算术运算符

在 7.1.5 节的示例中使用了表达式，表达式中可以包含算术运算符，SQL 的算术运算符如表 7-1 所示。

表 7-1　算术运算符

运　算　符	含　　义
( )	括号
/	除
*	乘
−	减
+	加

在 SQL 语句中，括号的优先级最高，其次是乘除，最后是加减。乘除具有相同的优先级，加减具有相同的优先级。因此，乘除或加减都可以用在同一表达式中，具有相同优先级的运算符按从左到右的顺序计算。

在 MySQL Workbench 中测试运算符，如图 7-6 所示。对于这种表达式运算的测试，可以不依赖任何表。

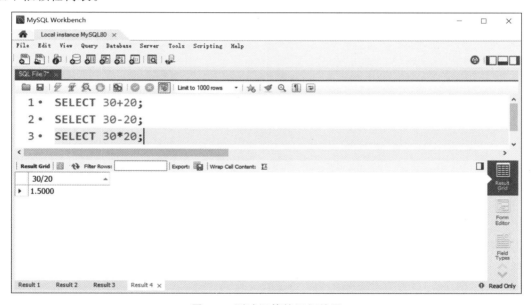

图 7-6　测试运算符运行结果

7.2　排序查询结果——ORDER BY 子句

微课视频

7.1 节介绍的是最基本的 SELECT 语句，不包含其他子句。下面开始介绍一些 SELECT 语句中的子句。

默认情况下，从一个表中查询出的结果是按照它们最初被插入的顺序返回。但是，有时可能需要将结果进行排序，使用 ORDER BY 子句对查询结果排序。

使用 ORDER BY 子句的 SELECT 语句语法结构如下：

```
SELECT field1, field2, ...
FROM table_name;
ORDER BY field1  [ASC|DESC], field2  [ASC|DESC], ...;
```

在 ORDER BY 子句之后设置排序的字段，在字段之后跟有 ASC 或 DESC 关键字，ASC 表示该字段按照升序进行排序，DESC 表示该字段按照降序排序。默认排序方式为 ASC。

提示 在描述 SQL 语法时，中括号[…]内容可以省略，如[ASC|DESC]可以省略。

竖线"|"表示或关系，如 ASC|DESC 表示 ASC 或 DESC。

查询结果排序的示例代码如下：

```
-- 查询结果排序
SELECT   * FROM EMP
ORDER BY   SAL ASC, comm DESC, ENAME;
```

上述代码从 EMP 表查询数据，并对结果进行排序。使用了 3 个字段进行排序，如图 7-7 所示，说明如下：

（1）第 1 排序 SAL ASC，指定按照 SAL 字段升序进行排序。

（2）第 2 排序 comm DESC，指定按照 comm 字段降序进行排序。

（3）第 3 排序 ENAME，指定按照 ENAME 字段升序进行排序。

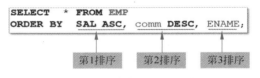

图 7-7　3 个字段进行排序

上述代码执行结果如图 7-8 所示。首先按照 SAL 字段进行升序排序，如果有相等的数据（如 1250.0），再按照 comm 字段进行降序排序，如果还有相等的数据，再按照 ENAME 字段进行升序排序。

EMPNO	ENAME	JOB	MGR	HIREDATE	SAL	comm	DEPTNO
7369	SMITH	CLERK	7902	1980-12-17	800	NULL	20
7900	JAMES	CLERK	7698	1987-5-23	950	NULL	30
7876	ADAMS	CLERK	7788	1981-9-8	1100	NULL	20
7654	MARTIN	SALESMAN	7698	1981-4-2	1250	1400	30
7521	WARD	SALESMAN	7698	1981-2-22	1250	500	30
7934	MILLER	CLERK	7782	1981-12-3	1300	NULL	10
7844	TURNER	SALESMAN	7698	1981-11-17	1500	0	30
7499	ALLEN	SALESMAN	7698	1981-2-20	1600	300	30
7782	CLARK	MANAGER	7839	1981-5-1	2450	NULL	10
7698	BLAKE	MANAGER	7839	1981-9-28	2850	NULL	30
7566	JONES	MANAGER	7839	1982-1-23	2975	NULL	20
7902	FORD	ANALYST	7566	1981-12-3	3000	NULL	20
7788	SCOTT	ANALYST	7566	1981-6-9	3000	NULL	20
7839	KING	PRESIDENT	NULL	1987-4-19	5000	NULL	10
NULL	NULL	NULL	NULL	NULL	NULL	NULL	NULL

图 7-8　执行结果

微课视频

7.3　筛选查询结果——WHERE 子句

WHERE 子句允许对查询结果进行筛选。如果希望从数据表中查询出所有行,则不需要使用 WHERE 子句,带有 WHERE 子句的 SELECT 语句语法结构如下:

```
SELECT field1, field2, ...
FROM table_name
WHERE condition;
```

提示　WHERE 子句不仅可以与 SELECT 语句一起使用,还可以与 UPDATE 和 DELETE 语句一起使用,用来决定更新和删除哪些数据。

7.3.1　比较运算符

WHERE 子句中经常用到比较运算符(也称为关系运算符),SQL 支持的比较运算符如表 7-2 所示。

表 7-2　比较运算符

运　算　符	含　　义
=	等于
<>	不等于
>	大于
<	小于
>=	大于或等于
<=	小于或等于

使用比较运算符示例代码如下:

```
-- 比较运算符
SELECT  ename, sal FROM EMP where sal > = 1000
```

上述代码从 EMP 表中查询工资大于或等于 1000 元的数据,运行结果如图 7-9 所示。

提示　SQL 会将字符串表示的数字(用单引号引起来的数字,如 '1000')转换为对应的数字,即 1000,然后再进行比较,所以如下代码运行结果也如图 7-9 所示。但是,最好不要使用字符串表示的数字,因为数据库首先要将字符串转换为数字,会影响性能。

```
SELECT ename,sal FROM EMP where sal > = '1000'
```

	ename	sal
▶	ALLEN	1600
	WARD	1250
	JONES	2975
	MARTIN	1250
	BLAKE	2850
	CLARK	2450
	SCOTT	3000
	KING	5000
	TURNER	1500
	ADAMS	1100
	FORD	3000
	MILLER	1300

图 7-9　使用比较运算符示例执行结果

7.3.2　逻辑运算符

SQL 提供 3 个逻辑运算符，也称为布尔运算符，如表 7-3 所示。

表 7-3　逻辑运算符

运算符	含义	描　　　述
AND	逻辑与	如果 AND 运算符左右两侧的表达式都判定为真，则整个表达式为真，否则为假
OR	逻辑或	如果 OR 运算符左侧或右侧的表达式为真，则整个表达式为真，否则为假
NOT	逻辑非	对某表达式的结果值进行取反

下面通过几个示例介绍逻辑运算符的使用。

1. 逻辑与

逻辑与运算符示例代码如下：

```
-- 逻辑与运算符
SELECT empno, ename, sal, job
FROM emp
WHERE job = 'SALESMAN' AND sal < 3000;
```

上述代码从 EMP 表查询职位为销售人员且工资小于 3000 元的数据。注意，字符串要包裹在单引号中。代码运行结果如图 7-10 所示。

2. 逻辑或

逻辑或运算符示例代码如下：

```
-- 逻辑或运算符
SELECT empno, ename, sal, job
FROM emp
WHERE job = 'SALESMAN' OR sal < 3000;
```

上述代码从 EMP 表中查询职位为销售人员或工资小于 3000 元的数据，代码运行结果如图 7-11 所示。

empno	ename	sal	job
▶ 7369	SMITH	800	CLERK
7499	ALLEN	1600	SALESMAN
7521	WARD	1250	SALESMAN
7566	JONES	2975	MANAGER
7654	MARTIN	1250	SALESMAN
7698	BLAKE	2850	MANAGER
7782	CLARK	2450	MANAGER
7844	TURNER	1500	SALESMAN
7876	ADAMS	1100	CLERK
7900	JAMES	950	CLERK
7934	MILLER	1300	CLERK

图 7-11　逻辑或运算符示例运行结果

empno	ename	sal	job
▶ 7499	ALLEN	1600	SALESMAN
7521	WARD	1250	SALESMAN
7654	MARTIN	1250	SALESMAN
7844	TURNER	1500	SALESMAN

图 7-10　逻辑与运算符示例运行结果

3. 逻辑非

逻辑非运算符示例代码如下：

```
-- 逻辑非运算符
SELECT empno, ename, sal, job
FROM emp
WHERE NOT job = 'SALESMAN' AND sal < 3000;
```

上述代码从 EMP 表中查询职位为非销售人员且工资小于 3000 元的数据,运行结果如图 7-12 所示。

empno	ename	sal	job
▶ 7369	SMITH	800	CLERK
7566	JONES	2975	MANAGER
7698	BLAKE	2850	MANAGER
7782	CLARK	2450	MANAGER
7876	ADAMS	1100	CLERK
7900	JAMES	950	CLERK
7934	MILLER	1300	CLERK

图 7-12　逻辑非运算符示例运行结果

7.3.3　IN 运算符

SQL 中还有另外一些运算符可以用来简化查询,如 IN 运算符可以替代多个 OR 运算符,它可以用来检测字段值是否等于某组值中的一个。例如,如果想找到职位是销售人员(SALESMAN)、职员(CLERK)或管理人员(MANAGER)的员工数据,则通常会使用 OR 运算符,代码如下：

```
-- IN 运算符
-- 使用 OR
SELECT empno, ename, sal, job
FROM emp
WHERE  job  = 'CLERK' OR job = 'MANAGER' OR job = 'SALESMAN';
```

上述代码的 WHERE 子句中使用了 OR 运算符，将希望查询的几种职位条件连接起来，本例中只有 3 种职位，如果有更多职位，都使用 OR 运算符连接，那么这样的 SQL 语句就会显得非常臃肿。这种情况可以使用 IN 运算符，代码如下：

```
-- 代码文件：chapter6/6.3/6.3.3 IN 运算符.sql
-- IN 运算符
SELECT empno, ename, sal, job
FROM emp
WHERE   job IN ('CLERK','MANAGER','SALESMAN');
```

可以看出，使用 IN 运算符使代码变得简洁，运行结果如图 7-13 所示。

empno	ename	sal	job
7369	SMITH	800	CLERK
7499	ALLEN	1600	SALESMAN
7521	WARD	1250	SALESMAN
7566	JONES	2975	MANAGER
7654	MARTIN	1250	SALESMAN
7698	BLAKE	2850	MANAGER
7782	CLARK	2450	MANAGER
7844	TURNER	1500	SALESMAN
7876	ADAMS	1100	CLERK
7900	JAMES	950	CLERK
7934	MILLER	1300	CLERK

图 7-13　IN 运算符示例运行结果

7.3.4　BETWEEN 运算符

BETWEEN 运算符可以用来检测一个值是否在一个范围内，并且包括范围的上下限。与 BETWEEN 运算符相反的是 NOT BETWEEN 运算符。其语法结构如下：

```
SELECT select_list
FROM table_name
WHERE field [NOT] BETWEEN lower_value AND upper_value
```

其中，lower_value 为下限值；upper_value 为上限值。

BETWEEN 运算符示例代码如下：

```
-- BETWEEN 运算符


SELECT empno, ename, sal, job
FROM emp
WHERE   sal BETWEEN 1500 AND 3000 ORDER BY sal;
```

上述代码实现了从员工表中查询工资为 1500～3000 元的数据，运行结果如图 7-14 所示，可见结果中包含了上限值 3000 和下限值 1500。

将代码修改为使用 NOT BETWEEN 运算符。

```
SELECT empno, ename, sal, job
```

```
FROM emp
WHERE    sal NOT BETWEEN 1500 AND 3000 ORDER BY sal;
```

上述代码运行结果如图 7-15 所示：

empno	ename	sal	job
▶ 7844	TURNER	1500	SALESMAN
7499	ALLEN	1600	SALESMAN
7782	CLARK	2450	MANAGER
7698	BLAKE	2850	MANAGER
7566	JONES	2975	MANAGER
7788	SCOTT	3000	ANALYST
7902	FORD	3000	ANALYST

empno	ename	sal	job
▶ 7369	SMITH	800	CLERK
7900	JAMES	950	CLERK
7876	ADAMS	1100	CLERK
7521	WARD	1250	SALESMAN
7654	MARTIN	1250	SALESMAN
7934	MILLER	1300	CLERK
7839	KING	5000	PRESIDENT

图 7-14 BETWEEN 运算符示例运行结果   图 7-15 NOT BETWEEN 运算符示例运行结果

7.3.5 LIKE 运算符

如果想查询名字以 M 开头的员工，那么如何实现呢？这时可以使用 LIKE 运算符，LIKE 运算符可以用来匹配字符串的各部分。NOT LIKE 是 LIKE 的相反运算。其语法结构如下：

```
SELECT select_list
FROM table_name
WHERE field [NOT] LIKE 'pattern'
```

其中，pattern 为匹配模式表达式，可以包含如下两种通配符：

（1）百分号（%）：代表 0 个、1 个或多个任意字符。

（2）下画线（_）：代表任意单个字符。

查找名字以 M 开头的员工代码如下：

```
-- 使用 LIKE 运算符
-- M 开头名字
SELECT empno, ename, sal, job
FROM emp
WHERE    ename LIKE 'M%';
```

上述代码运行结果如图 7-16 所示。

通配符可以放在任何位置，如查询名字为 ER 结尾的员工，代码如下：

empno	ename	sal	job
▶ 7654	MARTIN	1250	SALESMAN
7934	MILLER	1300	CLERK

图 7-16 LIKE 运算符示例运行结果 1

```
-- 使用 LIKE 运算符
-- ER 结尾名字
SELECT empno, ename, sal, job
FROM emp
WHERE    ename LIKE '%ER';
```

上述代码运行结果如图 7-17 所示。

下面再看一个示例，如果想查询名字以 J 开头，以 ES 结尾，中间有两个任意字符的员工，代码如下：

```
-- 使用 LIKE 运算符
SELECT * FROM emp
WHERE ename LIKE 'J__ES';
```

	empno	ename	sal	job
▶	7844	TURNER	1500	SALESMAN
	7934	MILLER	1300	CLERK

图 7-17　LIKE 运算符示例运行结果 2

在 LIKE 运算符的匹配模式中使用两个下画线(__)，表示匹配两个任意字符，代码运行结果如图 7-18 所示。

	EMPNO	ENAME	JOB	MGR	HIREDATE	SAL	comm	DEPTNO
▶	7566	JONES	MANAGER	7839	1982-1-23	2975	NULL	20
	7900	JAMES	CLERK	7698	1987-5-23	950	NULL	30
*	NULL	NULL	NULL	NULL	NULL	NULL	NULL	NULL

图 7-18　LIKE 运算符示例运行结果 3

7.3.6　运算符运算先后顺序

在 WHERE 子句中运算符的运算是有先后顺序的。如表 7-4 所示，从上到下各运算符的优先级从高到低。

表 7-4　运算符的运算先后顺序

序　　号	运　算　符
1	括号
2	算术运算符
3	比较运算符
4	逻辑运算符

可以看到，括号运算符优先级最高，其次是算术运算符，再次是比较运算符，最后是逻辑运算符。

运行以下示例代码：

```
-- 运算符先后顺序
SELECT empno, ename, sal, job
FROM EMP
WHERE NOT (job = 'SALESMAN' AND sal < 3000);
```

	empno	ename	sal	job
▶	7369	SMITH	800	CLERK
	7566	JONES	2975	MANAGER
	7698	BLAKE	2850	MANAGER
	7782	CLARK	2450	MANAGER
	7788	SCOTT	3000	ANALYST
	7839	KING	5000	PRESIDENT
	7876	ADAMS	1100	CLERK
	7900	JAMES	950	CLERK
	7902	FORD	3000	ANALYST
	7934	MILLER	1300	CLERK

图 7-19　示例代码运行结果

上述代码从 EMP[①] 表中查找工作为销售人员且工资小于 3000 元以外的数据，运行结果如图 7-19 所示。表达式(job = 'SALESMAN' AND sal < 3000)是优先级最高的，即工作销售人员，而且工资小于 3000 元。执行后再执行逻辑运算符 NOT。

---

① 因 SQL 语言不区分大小写，故 EMP 与 emp 表示含义相同，其他英文同此。

7.4　本章小结

本章介绍使用 SQL 查询数据的 SELECT 语句，由于 SELECT 语句有很多子句，本章重点介绍 ORDER BY 和 WHERE 子句。

7.5　同步练习

一、选择题

SELECT 语句可以带有哪些子语句？（　　　）

A. ORDER BY　　B. WHERE　　C. GROUP BY　　D. HAVING

二、操作题

1. 查询 teacher 表中年龄和工资字段数据。

2. 查询 teacher 表数据，增加年龄小于 30 岁老师的数据。

3. 查询 teacher 表数据，按照工资进行降序排序。

第 8 章

汇总查询结果

DQL 是 SQL 中较复杂的语言,第 7 章介绍了基本 SELECT 语句,本章将介绍汇总查询结果的内容。

微课视频

8.1 聚合函数

在使用聚合函数时,通常只对一个字段进行聚合操作,并返回一行数据。聚合函数有 COUNT 函数、SUM 函数、AVG 函数、MIN 函数和 MAX 函数。聚合函数的语法结构如下:

```
SELECT function(field)
FROM table_name;
[WHERE condition];
```

微课视频

8.1.1 COUNT 函数

COUNT 函数计算并返回符合条件的数据的行数。注意,COUNT 函数不统计空值。 COUNT 函数可以有如下 3 种形式:

(1) COUNT(field_name):指定某个字段,注意空值不计数。

(2) COUNT(*): * 表示指定所有字段。

(3) COUNT(1):等同于 COUNT(*)。

查询 EMP 表中数据,如图 8-1 所示,表中有 14 条数据。

使用 COUNT 函数访问 EMP 表,示例代码如下:

```
-- 使用 COUNT 函数
SELECT COUNT( * ) FROM emp;                    ①
SELECT COUNT(empno) FROM emp;                  ②
SELECT COUNT(comm) FROM emp;                   ③
SELECT COUNT(1) FROM emp;                      ④
```

上述代码第①、②、④行输出结果都为 14,如图 8-2 所示;代码第③行输出结果为 4,如图 8-3 所示,说明空值数据没有被计数。

EMPNO	ENAME	JOB	MGR	HIREDATE	SAL	comm	DEPTNO
7369	SMITH	CLERK	7902	1980-12-17	800	NULL	20
7499	ALLEN	SALESMAN	7698	1981-2-20	1600	300	30
7521	WARD	SALESMAN	7698	1981-2-22	1250	500	30
7566	JONES	MANAGER	7839	1982-1-23	2975	NULL	20
7654	MARTIN	SALESMAN	7698	1981-4-2	1250	1400	30
7698	BLAKE	MANAGER	7839	1981-9-28	2850	NULL	30
7782	CLARK	MANAGER	7839	1981-5-1	2450	NULL	10
7788	SCOTT	ANALYST	7566	1981-6-9	3000	NULL	20
7839	KING	PRESIDENT	NULL	1987-4-19	5000	NULL	10
7844	TURNER	SALESMAN	7698	1981-11-17	1500	0	30
7876	ADAMS	CLERK	7788	1981-9-8	1100	NULL	20
7900	JAMES	CLERK	7698	1987-5-23	950	NULL	30
7902	FORD	ANALYST	7566	1981-12-3	3000	NULL	20
7934	MILLER	CLERK	7782	1981-12-3	1300	NULL	10
NULL	NULL	NULL	NULL	NULL	NULL	NULL	NULL

图 8-1　查询 EMP 表中数据

COUNT(*)
14

COUNT(comm)
4

图 8-2　COUNT(＊)查询结果　　　图 8-3　COUNT(comm)查询结果

8.1.2　SUM 函数

微课视频

SUM 函数可以对数字类型字段进行求和,空值不参与累加。使用 SUM 函数示例代码如下:

```
-- 使用 SUM 函数
SELECT SUM(comm) FROM emp;                              ①
SELECT SUM(comm) FROM emp WHERE comm is NULL;           ②
SELECT SUM(ENAME) FROM emp;                             ③
```

上述代码第①行和第②行都是对 comm 字段进行求和。其中,代码第①行运行结果如图 8-4 所示;代码第②行添加了 WHERE 子句,筛选出空值的数据,空值数据是不参与累加的,所以运行结果如图 8-5 所示,没有输出结果;代码第③行试图对非数值字段 ENAME 进行求和,结果为 0,如图 8-6 所示。

SUM(comm)
2200

SUM(comm)
NULL

图 8-4　SUM(comm)查询结果　　　图 8-5　空值数据不参与累加

SUM(ENAME)
0

图 8-6　对非数值字段 ENAME 求和

8.1.3　AVG 函数

微课视频

AVG 函数用来计算数字类型字段的平均值,空值不参与计算。使用 AVG 函数示例代码如下:

```
-- 使用 AVG 函数
-- 返回 550.0
SELECT AVG(comm) FROM emp;                                    ①

-- 计数值返回 4
SELECT COUNT(comm) FROM emp;
-- 求和值返回 2200.0
SELECT SUM(comm) FROM emp;
```

图 8-7　对 comm 字段
求平均值

上述代码第①行对 comm 字段求平均值，运行结果如图 8-7 所示，返回值为 550.0，空值数据不参与计算。

微课视频

8.1.4　MIN 函数和 MAX 函数

MIN 函数用于确定一组值中的最小值，MAX 函数用于确定一组值中的最大值，这两个函数都不能返回空值，因为空值不能与任何值进行比较。MIN 和 MAX 函数示例代码如下：

```
-- MIN 函数和 MAX 函数
-- 计算最小值
SELECT MIN(sal) FROM emp;                                     ①
-- 计算最大值
SELECT MAX(sal) FROM emp;                                     ②
-- 测试空值
SELECT MAX(comm) FROM emp WHERE comm is NULL;                 ③
```

上述代码第①行对 sal 字段求最小值，即获得最低工资的员工信息，运行结果如图 8-8 所示；代码第②行对 sal 字段求最大值，即获得最高工资的员工信息，运行结果如图 8-9 所示；代码第③行运行结果如图 8-10 所示，没有返回任何数据。

图 8-8　使用 MIN（sal）函数

图 8-9　使用 MAX（sal）函数　　图 8-10　使用 MAX（comm）函数

8.2　分类汇总

在数据处理中经常会涉及对数据的分类汇总，在 SQL 中分类就是分组，通过 GROUP BY 子句实现；而汇总就是聚合操作，通过聚合函数实现。

微课视频

8.2.1　分组查询结果——GROUP BY 子句

GROUP BY 子句语法结构如下：

```
SELECT field1, field2, ...
FROM table_name
GROUP BY [field1 , field2 , ... ];
```

使用 GROUP BY 子句对 EMP 表进行分组，示例代码如下：

```
-- GROUP BY 子句
SELECT    * FROM emp GROUP BY deptno;                         ①
SELECT    * FROM emp GROUP BY job;                            ②
SELECT    * FROM emp GROUP BY job,deptno;                     ③
```

上述代码第①行对 EMP 表按照部门编号（deptno）进行分组查询，结果如图 8-11 所示；代码第②行对 EMP 表按照职位（job）进行分组查询，结果如图 8-12 所示；代码第③行对 EMP 表按照职位和部门编号进行分组查询，结果如图 8-13 所示。

EMPNO	ENAME	JOB	MGR	HIREDATE	SAL	comm	DEPTNO
7782	CLARK	MANAGER	7839	1981-5-1	2450	NULL	10
7369	SMITH	CLERK	7902	1980-12-17	800	NULL	20
7499	ALLEN	SALESMAN	7698	1981-2-20	1600	300	30
NULL	NULL	NULL	NULL	NULL	NULL	NULL	NULL

图 8-11　对 EMP 表按照部门编号进行分组查询

EMPNO	ENAME	JOB	MGR	HIREDATE	SAL	comm	DEPTNO
7369	SMITH	CLERK	7902	1980-12-17	800	NULL	20
7499	ALLEN	SALESMAN	7698	1981-2-20	1600	300	30
7566	JONES	MANAGER	7839	1982-1-23	2975	NULL	20
7788	SCOTT	ANALYST	7566	1981-6-9	3000	NULL	20
7839	KING	PRESIDENT	NULL	1987-4-19	5000	NULL	10
NULL	NULL	NULL	NULL	NULL	NULL	NULL	NULL

图 8-12　对 EMP 表按照职位进行分组查询

EMPNO	ENAME	JOB	MGR	HIREDATE	SAL	comm	DEPTNO
7369	SMITH	CLERK	7902	1980-12-17	800	NULL	20
7499	ALLEN	SALESMAN	7698	1981-2-20	1600	300	30
7566	JONES	MANAGER	7839	1982-1-23	2975	NULL	20
7698	BLAKE	MANAGER	7839	1981-9-28	2850	NULL	30
7782	CLARK	MANAGER	7839	1981-5-1	2450	NULL	10
7788	SCOTT	ANALYST	7566	1981-6-9	3000	NULL	20
7839	KING	PRESIDENT	NULL	1987-4-19	5000	NULL	10
7900	JAMES	CLERK	7698	1987-5-23	950	NULL	30
7934	MILLER	CLERK	7782	1981-12-3	1300	NULL	10
NULL	NULL	NULL	NULL	NULL	NULL	NULL	NULL

图 8-13　对 EMP 表按照职位和部门编号进行分组查询

单纯的分组没有什么实际意义，通常分组会与集合函数一起使用，这些处理在数据分析中经常使用，这就是数据分析中的分类汇总。假设你的老板想看各部门的平均工资，通过分类汇总实现代码如下：

```
-- 统计部门的平均工资
SELECT deptno, AVG(sal) FROM emp GROUP BY deptno;                    ①

-- 统计各部门工资总和
SELECT deptno, SUM(sal) FROM emp GROUP BY deptno;

-- 统计各部门最高工资
SELECT deptno, MAX(sal) FROM emp GROUP BY deptno;

-- 统计各部门最低工资
SELECT deptno, MIN(sal) FROM emp GROUP BY deptno;
```

上述代码第①行统计部门的平均工资，该语句查询结果如图 8-14 所示。

多个聚合函数都可以在 SELECT 字段列表中，示例代码如下：

```
SELECT deptno, AVG(sal), SUM(sal),MAX(sal),MIN(sal)
FROM emp
GROUP BY deptno;
```

在上述 SELECT 语句中，分组统计部门平均工资、部门工资总和、部门最高工资和部门
最低工资，该语句运行结果如图 8-15 所示。

	deptno	AVG(sal)
▶	10	2916.6666666666665
	20	2175
	30	1566.6666666666667

图 8-14　使用多个聚合函数 1

	deptno	AVG(sal)	SUM(sal)	MAX(sal)	MIN(sal)
▶	10	2916.6666666666665	8750	5000	1300
	20	2175	10875	3000	800
	30	1566.6666666666667	9400	2850	950

图 8-15　使用多个聚合函数 2

如果觉得这样分类汇总结果还不够友好，还可以给各汇总字段提供一个别名，示例代码
如下：

```
SELECT deptno, AVG(sal), SUM(sal),MAX(sal),MIN(sal)
FROM emp
GROUP BY deptno;

SELECT deptno,
AVG(sal) as   部门平均工资,
SUM(sal) as   部门工资总和,
MAX(sal) as   部门最高工资,
MIN(sal) as   部门最低工资
FROM emp
GROUP BY deptno;
```

上述代码分别为各个汇总字段提供了中文别名,运行上述 SQL 代码,查询结果如图 8-16 所示。

deptno	部门平均工资	部门工资总和	部门最高工资	部门最低工资
▶ 10	2916.6666666666665	8750	5000	1300
20	2175	10875	3000	800
30	1566.6666666666667	9400	2850	950

图 8-16　为各个汇总字段提供中文别名

8.2.2　使用 HAVING 子句筛选查询结果

微课视频

当使用 GROUP BY 语句时,还可以使用 HAVING 子句对分组结果进行筛选。HAVING 子句语法结构如下:

```
SELECT field1, field2, ...
FROM table_name
WHERE condition
GROUP BY field1, field2, ...
[HAVING condition];
```

在上述语法中,HAVING 子句是分组过滤条件。

注意　WHERE 和 HAVING 不同之处在于:WHERE 子句是先筛选再分组,而 HAVING 子句是对组进行筛选。

假设希望查找平均工资高于 2000 元的所有部门,使用 HAVING 子句实现代码如下:

```
-- HAVING 子句
SELECT deptno,AVG(sal)
FROM emp
GROUP BY deptno
HAVING AVG(sal) > 2000;                                ①
```

上述代码第①行使用 HAVING 子句筛选分组,结果如图 8-17 所示,返回两组数据;使用 WHERE 子句是先筛选再分组。

注意　HAVING 子句应该在 GROUP BY 子句之后。

对于分组结果,还可以使用 ORDER BY 子句排序,示例代码如下:

```
SELECT deptno,AVG(sal)
FROM emp
GROUP BY deptno
```

deptno	AVG(sal)
▶ 10	2916.6666666666665
20	2175

图 8-17　使用 HAVING
子句筛选分组

```
HAVING AVG(sal) > 2000
ORDER BY  AVG(sal) DESC;                                                    ①
```

　　上述代码第①行通过 ORDER BY 子句对分组结果进行排序,实现了按照平均工资降序排序,分组排序结果如图 8-18 所示。

注意 ORDER BY 子句和 GROUP BY 子句同时存在时,ORDER BY 子句应该放在最后。

---

	deptno	AVG(sal)
▶	10	2916.6666666666665
	20	2175

图 8-18　按照平均工资降序排序

微课视频

8.2.3　使用 DISTINCT 关键字选择唯一值

　　在对数据进行统计分析时,经常会遇到数据重复的情况,此时可以在 SELECT 语句中使用 DISTINCT 运算符列出不同值。DISTINCT 关键字语法结构如下:

```
SELECT  [DISTINCT] field1, field2, …
FROM table_name;
```

　　从上述语法可见,DISTINCT 关键字在 SELECT 语句之后,DISTINCT 关键字指定去除重复的字段列表。如果省略 DISTINCT,则为普通的 SELECT 语句。

　　下面通过示例熟悉 DISTINCT 关键字的使用。

　　如果老板想知道员工表中有多少个不同的职位,使用普通的 SELECT 语句,代码如下:

```
SELECT job FROM emp;
```

　　查询结果如图 8-19 所示,可见 14 条数据中有很多重复数据。

　　使用 DISTINCT 关键字实现,代码如下:

```
-- 使用 DISTINCT 关键字
SELECT  DISTINCT  job
FROM emp;
```

　　上述代码通过 DISTINCT 关键字指定唯一值的字段 job(职位),查询结果如图 8-20 所示,有 5 种不同的职位。

　　上述示例只是指定一个字段选择唯一数据,事实上 DISTINCT 关键字后面可以指定多个字段。这种情况下,只有所有指定的字段值数据都相同,才会被认为是重复的数据,示例代码如下:

图 8-19 查询结果

图 8-20 通过 DISTINCT 关键字
指定唯一值的字段 job

```
-- 指定多个字段去重
SELECT DISTINCT sal,job
FROM emp;
```

上述代码选择 sal 和 job 字段都不能重复的数据,查询结果如图 8-21 所示。

sal	job
800	CLERK
1600	SALESMAN
1250	SALESMAN
2975	MANAGER
2850	MANAGER
2450	MANAGER
3000	ANALYST
5000	PRESIDENT
1500	SALESMAN
1100	CLERK
950	CLERK
1300	CLERK

图 8-21 选择 sal 和 job 字段都
不能重复的数据

注意 DISTINCT 关键字和 GROUP BY 子句有时具有相同的效果,例如下面两条 SQL 语句都实现了查询不同职位数据。那么它们有什么区别?它们的设计目的不同,DISTINCT 运算符是为了去除重复数据;GROUP BY 子句是为了实现数据分类汇总。所以,如果只是去除重复数据,则推荐使用 DISTINCT 关键字实现;如果为了分类汇总,则推荐使用 GROUP BY 子句实现。

```
-- 通过 DISTINCT 获得不同职位数据
SELECT  DISTINCT job
FROM emp;

-- 通过 GROUP BY 获得不同职位数据
SELECT   job
FROM emp GROUP BY job;
```

8.3　本章小结

本章重点介绍聚合函数和数据的分类汇总，其中聚集函数包括 COUNT 函数、SUM 函数、AVG 函数、MIN 函数和 MAX 函数等，分类汇总包括 GROUP BY 子句和 HAVING 子句，最后介绍使用 DISTINCT 关键字实现选择唯一值。

8.4　同步练习

一、选择题

1. 下列选项中聚合函数有哪些？（　　　）
   A. COUNT　　　　B. SUM　　　　C. AVG　　　　D. MIN　　　　E. MAX
2. 下列哪个选项是 SELECT 语句中可以进行分组的子语句？（　　　）
   A. ORDER BY　　B. DISTINCT　　C. GROUP BY　D. HAVING

二、简述题

1. 简述 HAVING 和 GROUP BY 的区别。
2. 简述 DISTINCT 关键字和 GROUP BY 子句的区别。

三、判断题

1. COUNT(1)等同于 COUNT(＊)。（　　　）
2. SUM、COUNT 和 AVG 等函数可以对数字类型字段进行计算，空值不参与。（　　　）
3. ORDER BY 子句和 GROUP BY 子句同时存在时，ORDER BY 子句应该放在最后。（　　　）

第9章

子 查 询

在使用 SQL 语句查询时，有时一条 SQL 语句会依赖于另一条 SQL 语句查询的结果。这种情况下，可以将另一条 SQL 语句嵌套到当前 SQL 语句中，这就是子查询(Sub Query)，本章介绍子查询。

9.1 子查询的概念

子查询也称为内部查询或嵌套查询，子查询所在的外部查询称为外查询或父查询。子查询通常添加在 SELECT 语句的 WHERE 子句中，也可以添加在 UPDATE 或 DELETE 语句的 WHERE 子句中，或嵌套在另一个子查询中。

9.1.1 从一个案例引出的思考

使用子查询的场景是一个查询依赖于另一个查询的结果。假设有这样的需求：老板让你找出销售部所有员工的信息。从图 4-2 所示的 SCOTT 用户 ER 图中可见员工表中只有"所在部门"字段，它只保存了部门编号，而部门名称是保存在部门表中的。如何解决这个问题？实现这个需求，一般通过如下两个步骤完成：

（1）在部门表中查询销售部(SALES)的部门编号，代码如下：

```
SELECT deptno FROM dept WHERE dname = 'SALES';
```

这条 SQL 语句的运行结果如图 9-1 所示，返回部门编号为 30。

（2）从员工表中以部门编号等于 30 为条件查询员工信息，代码如下：

图 9-1 查询销售部的部门编号

```
SELECT * FROM emp WHERE deptno = 30;
```

执行这条 SQL 语句就可以返回员工信息，具体结果不再赘述。

9.1.2 使用子查询解决问题

9.1.1 节中通过两个步骤实现员工信息的查询过于烦琐。是否可以通过一条 SQL 语句解决问题呢？事实上，可以使用一条 SQL 语句解决这个问题。技术手段有子查询、表连接、存储过程。

本章重点介绍子查询，代码如下：

```
SELECT *
FROM emp
WHERE deptno = (                          ①
    SELECT deptno                         ②
    FROM dept
    WHERE dname = 'SALES'                 ③
);
```

上述代码第①行使用了＝运算符与子查询结果进行比较，括号中是一个子查询，代码第②行和代码第③行从部门表中通过部门名称查询部门编号，然后将查询结果作为输入条件在员工表中进行查询。

注意 子查询应该用一对小括号括起来。

微课视频

9.2　单行子查询

根据返回值的多少，子查询可以分为以下两种：

（1）单行子查询：子查询返回 0 条或 1 条数据。

（2）多行子查询：子查询返回 0 条或多条数据。

本节先介绍单行子查询，单行子查询经常使用的运算符有＝、＜、＞、＞＝和＜＝等，9.1.2 节示例就是单行子查询，它使用＝运算符。

下面通过几个示例熟悉如何使用单行子查询。

9.2.1　示例：查找工资超过平均工资的所有员工

实现查找工资超过平均工资的所有员工，使用子查询的实现步骤是在子查询中使用 AVG 函数获得平均值，然后作为输入条件进行查询。实现代码如下：

```
SELECT *
FROM emp
WHERE sal > (                          ①
    SELECT AVG(sal)                    ②
    FROM emp
);
```

上述代码第②行的子查询使用聚合函数 AVG 计算平均值，代码第①行使用比较运算符＞比较子查询，查询结果如图 9-2 所示。

EMPNO	ENAME	JOB	MGR	HIREDATE	SAL	comm	DEPTNO
▶ 7566	JONES	MANAGER	7839	1982-1-23	2975	NULL	20
7698	BLAKE	MANAGER	7839	1981-9-28	2850	NULL	30
7782	CLARK	MANAGER	7839	1981-5-1	2450	NULL	10
7788	SCOTT	ANALYST	7566	1981-6-9	3000	NULL	20
7839	KING	PRESIDENT	NULL	1987-4-19	5000	NULL	10
7902	FORD	ANALYST	7566	1981-12-3	3000	NULL	20
* NULL	NULL	NULL	NULL	NULL	NULL	NULL	NULL

图 9-2 使用比较运算符＞比较子查询的查询结果

9.2.2 示例：查找工资最高的员工

查找工资最高的员工，使用子查询的实现步骤是在子查询中使用 MAX 函数获得最高工资，然后作为输入条件进行查询。实现代码如下：

```
-- 查找工资最高的员工
SELECT *
FROM EMP
WHERE SAL = (                              ①
    SELECT MAX(sal)                        ②
    FROM emp
);
```

代码第②行的子查询使用聚合函数 MAX 计算最大值，代码第①行使用比较运算符＝比较子查询，查询结果如图 9-3 所示，工资最高的员工是 KING。

EMPNO	ENAME	JOB	MGR	HIREDATE	SAL	comm	DEPTNO
▶ 7839	KING	PRESIDENT	NULL	1987-4-19	5000	NULL	10
* NULL	NULL	NULL	NULL	NULL	NULL	NULL	NULL

图 9-3 使用比较运算符＝比较子查询的查询结果①

9.2.3 示例：查找与 SMITH 职位相同的员工

使用子查询查找与 SMITH 职位相同的员工，实现代码如下：

```
-- 查找与 SMITH 职位相同的员工
SELECT *
FROM EMP
WHERE JOB = (                              ①
    SELECT JOB                             ②
    FROM EMP
    WHERE ENAME = 'SMITH'                  ③
);
```

上述代码第②行到第③行是查找与 SMITH 职位相同的子查询，代码第①行使用比较运算符＝比较子查询，查询结果如图 9-4 所示。

	EMPNO	ENAME	JOB	MGR	HIREDATE	SAL	comm	DEPTNO
▸	7369	SMITH	CLERK	7902	1980-12-17	800	NULL	20
	7876	ADAMS	CLERK	7788	1981-9-8	1100	NULL	20
	7900	JAMES	CLERK	7698	1987-5-23	950	NULL	30
	7934	MILLER	CLERK	7782	1981-12-3	1300	NULL	10
*	NULL	NULL	NULL	NULL	NULL	NULL	NULL	NULL

图 9-4　使用比较运算符＝比较子查询的查询结果②

9.2.4　示例：查找谁的工资超过了工资最高的销售人员

查找谁的工资超过了工资最高的销售人员，实现代码如下：

```
-- 查找谁的工资超过了工资最高的销售人员
SELECT *
FROM EMP
WHERE SAL > (
    SELECT MAX(SAL)                          ①
    FROM EMP
    WHERE JOB = 'SALESMAN'                   ②
);
```

上述代码第①行到第②行是查询工资最高销售人员的子查询，上述代码查询结果如图 9-5 所示。

	EMPNO	ENAME	JOB	MGR	HIREDATE	SAL	comm	DEPTNO
▸	7566	JONES	MANAGER	7839	1982-1-23	2975	NULL	20
	7698	BLAKE	MANAGER	7839	1981-9-28	2850	NULL	30
	7782	CLARK	MANAGER	7839	1981-5-1	2450	NULL	10
	7788	SCOTT	ANALYST	7566	1981-6-9	3000	NULL	20
	7839	KING	PRESIDENT		1987-4-19	5000	NULL	10
	7902	FORD	ANALYST	7566	1981-12-3	3000	NULL	20
*	NULL	NULL	NULL	NULL	NULL	NULL	NULL	NULL

图 9-5　查询谁的工资超过了工资最高销售人员的查询结果

9.2.5　示例：查找职位与员工 CLARK 相同，且工资超过 CLARK 的员工

查找职位与员工 CLARK 相同，且工资超过 CLARK 的员工，实现代码如下：

```
-- 查找职位与 CLARK 相同，且工资超过 CLARK 的员工
SELECT *
FROM EMP
WHERE JOB = (
    SELECT JOB
    FROM EMP                                 ①
    WHERE ENAME = 'CLARK'                    ②
)
AND SAL > (
```

```
SELECT SAL                                    ③
FROM EMP
WHERE ENAME = 'CLARK'                         ④
);
```

上述代码使用了两个子查询,代码第①行和第②行是查询员工 CLARK 的职位的子查询;代码第③行到第④行是查询员工 CLARK 工资的子查询。上述代码查询结果如图 9-6所示。

图 9-6 查询结果

9.2.6 示例:查找资格最老的员工

资格最老的员工也就是入职最早的员工,EMP 表的 HIREDATE 字段是员工的入职时间,只需要在子查询中查找最小 HIREDATE 数据,然后作为父查询条件查询员工信息,实现代码如下:

```
-- 代码文件:chapter9/9.2/9.2.6.sql
-- 查找资格最老的员工
SELECT *
FROM EMP
WHERE HIREDATE = (
    SELECT MIN(HIREDATE)                      ①
    FROM EMP                                  ②
);
```

上述代码第①行和第②行是查询最早入职时间的子查询,上述代码查询结果如图 9-7所示。

EMPNO	ENAME	JOB	MGR	HIREDATE	SAL	comm	DEPTNO
7369	SMITH	CLERK	7902	1980-12-17	800	NULL	20
NULL	NULL	NULL	NULL	NULL	NULL	NULL	NULL

图 9-7 查找最早入职时间员工的结果

9.2.7 示例:查找员工表中第 2 高的工资

查找员工表中第 2 高的工资,实现步骤如下:

(1)子查询:实现从员工表中查询最高的工资数据,假设为 A。

(2)父查询:实现从员工表中查询工资小于 A 的最高工资数据,假设为 B,B 就是要查询的第 2 高的工资。

具体实现代码如下:

```
-- 查找员工表中第 2 高的工资
SELECT MAX(SAL)
FROM EMP
WHERE SAL < (
    SELECT MAX(SAL)              ①
    FROM EMP                     ②
);
```

MAX(SAL)
▸ 3000

图 9-8　查询第 2 高工资的结果

上述代码第①行和第②行是查询最高的工资数据的子查询。上述代码查询结果如图 9-8 所示，可见第 2 高工资为 3000.0。

微课视频

9.3　多行子查询

9.2 节介绍了单行子查询，本节介绍多行子查询。多行子查询通常使用的运算符有 IN、NOT IN、EXISTS 和 NOT EXISTS 等，这些运算符都用来比较一个集合。

下面通过几个示例熟悉如何使用多行子查询。

9.3.1　示例：查找销售部所有员工信息

查找销售部所有员工，使用多行子查询实现步骤如下：

（1）子查询：实现从部门表中按照条件 dname = 'SALES'查找部门编号，集合为 A。

（2）父查询：实现从员工表中查找部门编号在集合 A 中所有员工信息。

具体实现代码如下：

```
-- 查找销售部所有员工信息
SELECT *
FROM emp
WHERE deptno IN(                 ①
    SELECT deptno                ②
    FROM dept                    
    WHERE dname = 'SALES'        ③
);
```

上述代码第②行到第③行是步骤（1）所描述的子查询，它用于查找部门名称为销售部（SALES）的部门编号，代码第①行通过 IN 运算符比较子查询。上述代码查询结果如图 9-9 所示。

EMPNO	ENAME	JOB	MGR	HIREDATE	SAL	comm	DEPTNO
▸ 7499	ALLEN	SALESMAN	7698	1981-2-20	1600	300	30
7521	WARD	SALESMAN	7698	1981-2-22	1250	500	30
7654	MARTIN	SALESMAN	7698	1981-4-2	1250	1400	30
7698	BLAKE	MANAGER	7839	1981-9-28	2850	NULL	30
7844	TURNER	SALESMAN	7698	1981-11-17	1500	0	30
7900	JAMES	CLERK	7698	1987-5-23	950	NULL	30
* NULL	NULL	NULL	NULL	NULL	NULL	NULL	NULL

图 9-9　查找销售部所有员工信息的结果

9.3.2　示例：查找与 SMITH 或 CLARK 职位不同的所有员工

实现查找与 SMITH 或 CLARK 职位不同的所有员工，使用多行子查询实现步骤如下：

（1）子查询：实现从员工表中查找 SMITH 或 CLARK 的职位，集合为 A。

（2）父查询：实现从员工表中查找职位不在集合 A 中所有员工信息。

具体实现代码如下：

```
-- 查找与 SMITH 或 CLARK 职位不同的所有员工
SELECT *
FROM EMP
WHERE JOB NOT IN (                          ①
    SELECT JOB                              ②
    FROM EMP
    WHERE ENAME = 'SMITH'
        OR ENAME = 'CLARK'                  ③
);
```

上述代码第②行到第③行是步骤（1）所描述的子查询，注意它的查询条件使用了 OR 运算符，代码第①行使用 NOT IN 运算符比较子查询。上述代码查询结果如图 9-10 所示。

	EMPNO	ENAME	JOB	MGR	HIREDATE	SAL	comm	DEPTNO
▶	7499	ALLEN	SALESMAN	7698	1981-2-20	1600	300	30
	7521	WARD	SALESMAN	7698	1981-2-22	1250	500	30
	7654	MARTIN	SALESMAN	7698	1981-4-2	1250	1400	30
	7788	SCOTT	ANALYST	7566	1981-6-9	3000	NULL	20
	7839	KING	PRESIDENT	NULL	1987-4-19	5000	NULL	10
	7844	TURNER	SALESMAN	7698	1981-11-17	1500	0	30
	7902	FORD	ANALYST	7566	1981-12-3	3000	NULL	20
*	NULL	NULL	NULL	NULL	NULL	NULL	NULL	NULL

图 9-10　查找与 SMITH 或 CLARK 职位不同的所有员工结果

9.4　嵌套子查询

微课视频

正如子查询可以嵌套在标准查询中一样，它也可以嵌套在另一个子查询中。对于嵌套的层次，唯一的限制就是性能。随着对子查询一层接一层地嵌套，查询的性能也会严重下降。

下面通过几个示例熟悉如何使用嵌套子查询。

9.4.1　示例：查找超出平均工资员工所在部门

查找超出平均工资员工所在部门，使用子查询的实现步骤如下：

（1）子查询：实现从员工表中查找员工平均工资，记为 A。

（2）查询步骤（1）的父查询，实现从员工表中查找大于平均工资 A 的部门编号，记为集合 B。

（3）查询步骤（2）的父查询，实现从部门表中查找部门编号在集合 B 中的所有部门信息。

具体实现代码如下：

```
-- 代码文件：chapter9/9.4/9.4.1.sql
-- 查找超出平均工资员工所在部门
SELECT *                              ①
FROM dept
WHERE deptno IN (
    SELECT deptno                     ②
    FROM emp
    WHERE sal > (
        SELECT AVG(sal)               ③
        FROM emp                      ④
    )
                                      ⑤
);                                    ⑥
```

上述代码第③行和代码第④行是实现步骤（1）的子查询；代码第②~⑤行是实现步骤（2）的查询；代码第①~⑥行是实现步骤（3）的查询。上述代码查询结果如图 9-11 所示。

	DEPTNO	DNAME	loc
▶	10	ACCOUNTING	NEW YORK
	20	RESEARCH	DALLAS
	30	SALES	CHICAGO
*	NULL	NULL	NULL

图 9-11　步骤（3）查询结果

9.4.2　示例：查找员工表中工资第 3 高的员工信息

查找员工表中工资第 3 高的员工信息，使用子查询的实现步骤如下：

（1）最内层子查询：实现从员工表中查找最高工资，记为 A。

（2）查询步骤（1）的父查询，实现从员工表中查找小于 A 的最高工资，记为 B。

（3）查询步骤（2）的父查询，实现从员工表中查找小于 B 的最高工资，记为 C。

（4）查询步骤（3）的父查询，也是最外层查询，实现从员工表中查找工资等于 C（第 3 高的工资）的所有员工信息。

具体实现代码如下：

```
-- 代码文件：chapter9/9.4/9.4.2.sql
-- 查找员工表中工资第 3 高的员工信息
SELECT *                              ①
FROM emp
WHERE sal = (
    SELECT MAX(sal)                   ②
    FROM emp
```

```
WHERE sal < (
    SELECT MAX(sal)                          ③
    FROM emp
    WHERE sal < (
        SELECT MAX(sal)                      ④
        FROM emp                             ⑤
    )
                                             ⑥
    )                                        ⑦
                                             ⑧
);                                           ⑨
```

上述代码中有 3 个查询语句,代码第①~⑨行为最外层查询,即步骤(4)的查询;代码第②~⑧行是步骤(3)的查询;代码第③~⑥行是步骤(2)的查询;代码第④行和代码第⑤行是步骤(1)的查询。上述代码查询结果如图 9-12 所示。

图 9-12 查找员工表中工资第 3 高的员工信息的结果

9.5 在 DML 中使用子查询

子查询主要用于 WHERE 子句作为输入条件过滤数据,包含 WHERE 子句的 DML 语句(DELETE 和 UPDATE)也可以使用子查询。

9.5.1 在 DELETE 语句中使用子查询

在 DELETE 语句的 WHERE 子句中使用子查询,与 SELECT 语句的 WHERE 子句使用没有区别。下面通过示例介绍如何在 DELETE 语句中使用子查询。

9.5.2 示例:删除部门所在地为纽约的所有员工

如何从员工表中删除部门所在地为纽约的所有员工? 由于员工表中只有部门编号,没有部门所在地,因此需要先到部门表中通过部门所在地(LOC)字段查询部门编号集合,然后再作为输入条件从员工表中删除员工。

实现步骤如下:

(1) 子查询:从部门表中通过部门所在地(LOC)字段查询部门编号,记为集合 A。

(2) 将部门编号集合 A 作为条件从员工表中删除数据。

具体实现代码如下:

```
-- 删除所在部门所在地为纽约的所有员工
DELETE FROM EMP                              ①
```

```
WHERE DEPTNO IN (                          ②
        SELECT DEPTNO                      ③
        FROM DEPT
        WHERE LOC = 'NEW YORK'             ④
    );
```

上述代码第①行是删除语句，第②行是删除语句的条件，它采用 IN 运算符与子查询进行比较，第③行和第④行是删除数据的子查询语句，它可以查询所在地为纽约的部门。

9.6 本章小结

本章重点介绍使用 SQL 语言中的子查询，其中包括单行子查询、多行子查询和嵌套子查询，最后介绍在 DML 语句中使用子查询。

9.7 同步练习

一、选择题

1. 单行子查询经常使用的运算符有哪些？（   ）
   A. IN   B. >   C. AVG   D. EXISTS
   E. =

2. 多行子查询经常使用的运算符有哪些？（   ）
   A. IN   B. >   C. AVG   D. EXISTS
   E. =

二、判断题

1. 子查询可以在 SELECT 语句、UPDATE 和 DELETE 中使用。（   ）
2. 子查询应该用一对小括号括起来。（   ）

第 10 章

表　连　接

微课视频

表连接是 SQL 中非常重要的技术，本章介绍表连接。

10.1　表连接的概念

表连接(Join)是可以将多个表中的数据结合在一起的查询。

10.1.1　使用表连接重构"查找销售部所有员工信息"案例

9.3.1 节介绍的是通过子查询实现"查找销售部所有员工信息"案例，事实上还可以通过表连接实现该案例，具体代码如下：

```
SELECT *
FROM EMP e, DEPT d
WHERE e.DEPTNO = d.DEPTNO;
```

上述代码将两个表连接起来，连接条件是 e.DEPTNO = d.DEPTNO，查询结果如图 10-1 所示，其中有些字段来自 EMP 表(员工表)，而有些字段来自 DEPT 表(部门表)。

在上述代码中，由于两个表中有些字段名是重复的，所以可以给表起一个别名，如图 10-2 所示，EMP 的别名是 e，DEPT 的别名是 d。使用 as 关键字声明表的别名，也可以使用空格声明，如 DEPT d 是为 DEPT 表声明别名为 d。

表连接分为多种类型，有些类型是特定数据库所支持，本章首先介绍主流数据库所支持的表连接语法，包括：

（1）内连接(**INNER JOIN**)。

（2）左连接(**LEFT JOIN**)：又称为左外连接。

（3）右连接(**RIGHT JOIN**)：又称为右外连接。

（4）全连接(**FULL JOIN**)：又称为全外连接。

（5）交叉连接(**CROSS JOIN**)：又称为笛卡儿积(**Cartesian Product**)、笛卡儿连接。

这些连接中常用的有内连接、左连接和右连接。由于右连接可以使用左连接替代，所以最常用的表连接是内连接和左连接。

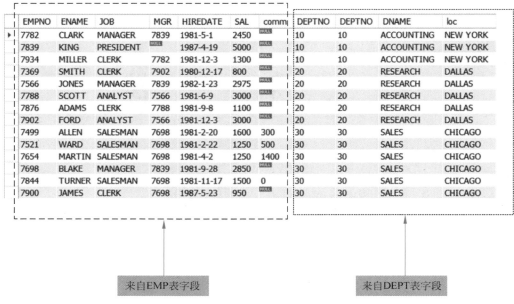

EMPNO	ENAME	JOB	MGR	HIREDATE	SAL	comm	DEPTNO	DEPTNO	DNAME	loc
▶ 7782	CLARK	MANAGER	7839	1981-5-1	2450	NULL	10	10	ACCOUNTING	NEW YORK
7839	KING	PRESIDENT	NULL	1987-4-19	5000	NULL	10	10	ACCOUNTING	NEW YORK
7934	MILLER	CLERK	7782	1981-12-3	1300	NULL	10	10	ACCOUNTING	NEW YORK
7369	SMITH	CLERK	7902	1980-12-17	800	NULL	20	20	RESEARCH	DALLAS
7566	JONES	MANAGER	7839	1982-1-23	2975	NULL	20	20	RESEARCH	DALLAS
7788	SCOTT	ANALYST	7566	1981-6-9	3000	NULL	20	20	RESEARCH	DALLAS
7876	ADAMS	CLERK	7788	1981-9-8	1100	NULL	20	20	RESEARCH	DALLAS
7902	FORD	ANALYST	7566	1981-12-3	3000	NULL	20	20	RESEARCH	DALLAS
7499	ALLEN	SALESMAN	7698	1981-2-20	1600	300	30	30	SALES	CHICAGO
7521	WARD	SALESMAN	7698	1981-2-22	1250	500	30	30	SALES	CHICAGO
7654	MARTIN	SALESMAN	7698	1981-4-2	1250	1400	30	30	SALES	CHICAGO
7698	BLAKE	MANAGER	7839	1981-9-28	2850	NULL	30	30	SALES	CHICAGO
7844	TURNER	SALESMAN	7698	1981-11-17	1500	0	30	30	SALES	CHICAGO
7900	JAMES	CLERK	7698	1987-5-23	950	NULL	30	30	SALES	CHICAGO

来自EMP表字段　　　　　　　　　　来自DEPT表字段

图 10-1　找出销售部所有员工信息

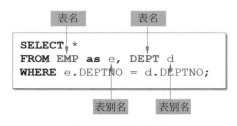

表名　　　　表名

```
SELECT *
FROM EMP as e, DEPT d
WHERE e.DEPTNO = d.DEPTNO;
```

表别名　　表别名

图 10-2　使用别名

微课视频

10.1.2　准备数据

在介绍各种类型的表连接之前，有必要先准备一些测试数据。首先修改 4.2 节
SCOTT 用户中的 EMP 表结构，去掉了 EMP 表中的外键 DEPTNO，这样做的目的是允许
在 EMP 表的 DEPTNO 字段输入一些 NULL 数据，这是为了测试的需要。修改 EMP 表并
插入数据的 SQL 脚本，代码如下：

```
--  删除员工表
drop table if exists EMP;

--  删除部门表
drop table if exists DEPT;

--  创建部门表
create table DEPT
```

```
(
  DEPTNO            int not null,                   -- 部门编号
  DNAME             varchar(14),                    -- 名称
  loc               varchar(13),                    -- 所在位置
  primary key (DEPTNO)
);
```

　　--　创建员工表
```
create table EMP                              ①
(
  EMPNO             int not null,                   -- 员工编号
  ENAME             varchar(10),                    -- 员工姓名
  JOB               varchar(9),                     -- 职位
  MGR               int,                            -- 员工顶头上司
  HIREDATE          char(10),                       -- 入职日期
  SAL               float,                          -- 工资
  comm              float,                          -- 奖金
  DEPTNO            int,                            -- 所在部门
  primary key (EMPNO)                         ②
);
```

　　--　插入部门数据
```
insert into DEPT (DEPTNO, DNAME, LOC)
values (10, 'ACCOUNTING', 'NEW YORK');
insert into DEPT (DEPTNO, DNAME, LOC)
values (20, 'RESEARCH', 'DALLAS');
insert into DEPT (DEPTNO, DNAME, LOC)
values (30, 'SALES', 'CHICAGO');
insert into DEPT (DEPTNO, DNAME, LOC)
values (40, 'OPERATIONS', 'BOSTON');
insert into DEPT (DEPTNO, DNAME, LOC)
values (50, '秘书处', '上海');
insert into DEPT (DEPTNO, DNAME, LOC)
values (60, '总经理办公室', '北京');
```

　　--　插入员工数据
```
insert into EMP (EMPNO, ENAME, JOB, MGR, HIREDATE, SAL, COMM, DEPTNO)
...
insert into EMP (EMPNO, ENAME, JOB, MGR, HIREDATE, SAL, COMM, DEPTNO)
values (7844, 'TURNER', 'SALESMAN', 7698, '1981 - 11 - 17', 1500, 0, 30);
insert into EMP (EMPNO, ENAME, JOB, MGR, HIREDATE, SAL, COMM, DEPTNO)
values (7876, 'ADAMS', 'CLERK', 7788, '1981 - 9 - 8', 1100, null, 20);
insert into EMP (EMPNO, ENAME, JOB, MGR, HIREDATE, SAL, COMM, DEPTNO)
values (7900, 'JAMES', 'CLERK', 7698, '1987 - 5 - 23', 950, null, 30);
insert into EMP (EMPNO, ENAME, JOB, MGR, HIREDATE, SAL, COMM, DEPTNO)
values (7902, 'FORD', 'ANALYST', 7566, '1981 - 12 - 3', 3000, null, 20);
insert into EMP (EMPNO, ENAME, JOB, MGR, HIREDATE, SAL, COMM, DEPTNO)
```

```
values (7934, 'MILLER', 'CLERK', 7782, '1981 - 12 - 3', 1300, null, 10);
insert into EMP (EMPNO, ENAME, JOB, MGR, HIREDATE, SAL, COMM, DEPTNO)
values (8360, '刘备', '领导', null, '800 - 2 - 17',  8000, null, 80);
insert into EMP (EMPNO, ENAME, JOB, MGR, HIREDATE, SAL, COMM, DEPTNO)
values (8361, '关羽', '将军', 8360, '800 - 3 - 7',  5500, null, 90);
insert into EMP (EMPNO, ENAME, JOB, MGR, HIREDATE, SAL, COMM, DEPTNO)
values (8362, '张飞', '将军', 8360, '800 - 12 - 3',  5000, null, 60);

-- 提交数据
COMMIT;
```

上述 SQL 语句中，代码第①行到第②行是重新创建 EMP 表，可见其中去掉了外键关联语句。执行上述 SQL 语句，EMP 表数据如图 10-3 所示，DEPT 表数据如图 10-4 所示。

	EMPNO	ENAME	JOB	MGR	HIREDATE	SAL	comm	DEPTNO
1	7369	SMITH	CLERK	7902	1980-12-17	800	NULL	20
2	7499	ALLEN	SALESMAN	7698	1981-2-20	1600	300	30
3	7521	WARD	SALESMAN	7698	1981-2-22	1250	500	30
4	7566	JONES	MANAGER	7839	1982-1-23	2975	NULL	20
5	7654	MARTIN	SALESMAN	7698	1981-4-2	1250	1400	30
6	7698	BLAKE	MANAGER	7839	1981-9-28	2850	NULL	30
7	7782	CLARK	MANAGER	7839	1981-5-1	2450	NULL	10
8	7788	SCOTT	ANALYST	7566	1981-6-9	3000	NULL	20
9	7839	KING	PRESIDENT	NULL	1987-4-19	5000	NULL	10
10	7844	TURNER	SALESMAN	7698	1981-11-17	1500	0	30
11	7876	ADAMS	CLERK	7788	1981-9-8	1100	NULL	20
12	7900	JAMES	CLERK	7698	1987-5-23	950	NULL	30
13	7902	FORD	ANALYST	7566	1981-12-3	3000	NULL	20
14	7934	MILLER	CLERK	7782	1981-12-3	1300	NULL	10
15	8360	刘备	领导	NULL	800-2-17	8000	NULL	80
16	8361	关羽	将军	8360	800-3-7	5500	NULL	90
17	8362	张飞	将军	8360	800-12-3	5000	NULL	60

图 10-3　EMP 表数据

	DEPTNO	DNAME
1	10	ACCOUNTING
2	20	RESEARCH
3	30	SALES
4	40	OPERATIONS
5	50	秘书处
6	60	总经理办公室

图 10-4　DEPT 表数据

微课视频

10.2　内连接

两个表的连接在数学上就是两个集合的运算，那么两个表的内连接就是求两个表中数据集合的交集，如图 10-5 所示，表 1 和表 2 的交集是灰色区域。

例如，表 1 有 4 条数据，表 2 也有 4 条数据，如图 10-6 所示，ID 是它们的匹配字段。连接后仅找到 A 和 C 两条匹配数据，因为表 2 中不存在 B 和 D，而表 1 中不存在 E 和 F。

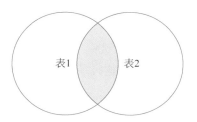

图 10-5 表 1 和表 2 的交集

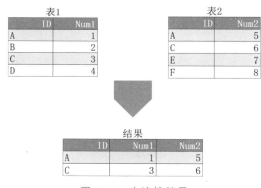

图 10-6 内连接结果

10.2.1 内连接语法 1

内连接语法有两种形式,语法 1 如下:

```
SELECT 表 1.字段 1,表 1.字段 2,表 2.字段 1,...
FROM 表 1 表 2
WHERE 表 1.匹配字段 = 表 2.匹配字段;
```

语法 1 中表连接的连接条件添加在 WHERE 子句中,其中匹配字段是两个表连接字段。从业务层面而言,它们应该是有关联关系的外键;但从语法层面而言,只要是数据类型一致的字段都可以作为连接字段。10.1.1 节示例采用的就是语法 1。

10.2.2 内连接语法 2

内连接语法 2 如下:

```
SELECT 表 1.字段 1,表 1.字段 2,表 2.字段 1,...
FROM 表 1
INNER JOIN 表 2
ON 表 1.匹配字段 = 表 2.匹配字段;
```

语法 2 采用了 INNER JOIN ON 关键字实现内连接,其中 INNER JOIN 中的 INNER 可以省略,ON 后为表连接的连接条件。

采用语法 2 重新实现 10.1.1 节示例,实现代码如下:

```
SELECT *
FROM EMP e
    INNER JOIN DEPT d ON e.DEPTNO = d.DEPTNO;
```

上述代码还可以省略 **INNER** 关键字，执行结果参考 10.1.1 节。

10.2.3 找出部门在纽约的所有员工的姓名

下面通过示例熟悉内连接的使用。

假设有这样的需求：老板让你查询出部门在纽约的所有员工的姓名。从图 4-2 所示的 SCOTT 用户 ER 图可知员工表中没有所在地，只有一个部门编号，而部门表中有部门所在位置，即所在地。如何解决这个问题？读者首先会想到使用子查询实现，这是解决该问题的方法之一。还可以通过表连接实现，代码如下：

```
SELECT
    e.empno, e.ename,   d.dname
FROM
    EMP e,
    DEPT d
WHERE
    e.deptno = d.deptno
    AND d.loc = 'NEW YORK';
```

上述代码在使用 INNER JOIN 内连接的基础上增加了 WHERE 子句，在查询指定字段时使用的语法是"表名或表别名.字段"。查询结果如图 10-7 所示，可见返回 3 条数据。

	empno	ename	dname
1	7782	CLARK	ACCOUNTING
2	7839	KING	ACCOUNTING
3	7934	MILLER	ACCOUNTING

图 10-7 使用内连接查询结果

如果采用内连接的语法 2 实现，代码如下：

```
SELECT *
FROM EMP e, DEPT d
WHERE e.deptno = d.deptno
    AND d.loc = 'NEW YORK';
```

上述代码使用了逻辑与(AND)运算符将表连接条件和其他的筛选条件连接起来。

10.3 左连接

表 1 和表 2 的左连接如图 10-8 所示，其中灰色区域为左连接数据集合。

表 1 和表 2 的左连接结果是连接表 1 中的匹配数据，如果表 2 中没有匹配数据(B 和 D)，则用 NULL 填补，左连接结果如图 10-9 所示。

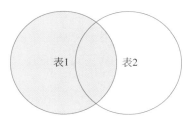

图 10-8 左连接

图 10-9 左连接结果

10.3.1 左连接语法

左连接语法结构如下：

```
SELECT 表 1.字段 1,表 1.字段 2,表 2.字段 1,…
FROM 表 1
[OUTER] LEFT JOIN 表 2
ON 表 1.匹配字段 = 表 2.匹配字段;
```

可见左连接使用关键字 **OUTER LEFT JOIN ON** 实现，与内连接相比，将 **INNER** 换成了 **LEFT**。另外，**OUTER** 关键字通常会省略。

10.3.2 示例：员工表与部门表的左连接查询

示例实现代码如下：

```
SELECT e.empno, e.ename, d.dname, d.loc
FROM EMP e
    LEFT JOIN DEPT d ON e.deptno = d.deptno;
```

员工表与部门表的左连接查询结果如图 10-10 所示。员工表有 17 条数据，其中在部门（DEPT）表中没有匹配的数据会用 NULL 填充。

	empno	ename	dname
1	7369	SMITH	RESEARCH
2	7499	ALLEN	SALES
3	7521	WARD	SALES
4	7566	JONES	RESEARCH
5	7654	MARTIN	SALES
6	7698	BLAKE	SALES
7	7782	CLARK	ACCOUNTING
8	7788	SCOTT	RESEARCH
9	7839	KING	ACCOUNTING
10	7844	TURNER	SALES
11	7876	ADAMS	RESEARCH
12	7900	JAMES	SALES
13	7902	FORD	RESEARCH
14	7934	MILLER	ACCOUNTING
15	8360	刘备	NULL
16	8361	关羽	NULL
17	8362	张飞	总经理办公室

图 10-10　左连接查询结果

微课视频

10.4　右连接

表 1 和表 2 的右连接如图 10-11 所示，其中灰色区域为右连接数据集合。

表 1 和表 2 的右连接结果是连接表 2 中的匹配数据，如果表 1 中没有匹配数据（E 和 F），则使用 NULL 填补，右连接结果如图 10-12 所示。

图 10-11　右连接

图 10-12　右连接结果

10.4.1　右连接语法

右连接语法结构如下：

SELECT 表 1.字段 1,表 1.字段 2,表 2.字段 1,...

```
FROM 表 1
[OUTER] RIGHT JOIN 表 2
ON 表 1.匹配字段 = 表 2.匹配字段;
```

可见右连接使用关键字 **OUTER RIGHT JOIN ON** 实现，与内连接相比，将 INNER 换成了 RIGHT。另外，OUTER 关键字通常会省略。

10.4.2　示例：员工表与部门表的右连接查询

示例实现代码如下：

```
SELECT e.empno, e.ename, d.deptno, d.dname, d.loc
FROM EMP e
    RIGHT JOIN DEPT d ON e.deptno = d.deptno;
```

员工表与部门表的右连接结果如图 10-13 所示，员工表有 17 条数据，其中两条数据在部门（DEPT）表中没有匹配的数据，所以会用 NULL 填充。

empno	ename	deptno	dname	loc
7934	MILLER	10	ACCOUNTING	NEW YORK
7839	KING	10	ACCOUNTING	NEW YORK
7782	CLARK	10	ACCOUNTING	NEW YORK
7902	FORD	20	RESEARCH	DALLAS
7876	ADAMS	20	RESEARCH	DALLAS
7788	SCOTT	20	RESEARCH	DALLAS
7566	JONES	20	RESEARCH	DALLAS
7369	SMITH	20	RESEARCH	DALLAS
7900	JAMES	30	SALES	CHICAGO
7844	TURNER	30	SALES	CHICAGO
7698	BLAKE	30	SALES	CHICAGO
7654	MARTIN	30	SALES	CHICAGO
7521	WARD	30	SALES	CHICAGO
7499	ALLEN	30	SALES	CHICAGO
NULL	NULL	40	OPERATIONS	BOSTON
NULL	NULL	50	秘书处	上海
8362	张飞	60	总经理办公室	北京

图 10-13　右连接查询结果

注意　由于右连接可以使用左连接替代，因此有些数据库不支持右连接（如 SQLite 数据库等），而且大部分开发人员也习惯使用左连接，所以左连接最为常见。

使用左连接替代上述右连接，代码如下：

```
-- 用左连接替代右连接

SELECT e.empno, e.ename, d.deptno, d.dname, d.loc
FROM DEPT d
    LEFT JOIN EMP e ON e.deptno = d.deptno;
```

可见,只要把表 1 和表 2 调换,关键字换成 LEFT JOIN 即可。读者可以自己测试一下,看代码运行结果是否一致。

微课视频

10.5 全连接

表 1 和表 2 的全连接如图 10-14 所示,其中灰色区域为两个表数据集合的并集。

表 1 和表 2 的全连接结果是将两个表中所有数据全返回,有不匹配的数据使用 NULL 填充,如图 10-15 所示。

图 10-14 灰色区域为两个表数据集合的并集

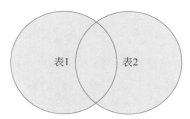

图 10-15 全连接结果

MySQL 不支持 FULL JOIN,可以使用 UNION(联合)运算符将左连接和右连接联合起来。

员工表与部门表的全连接查询的示例代码如下:

```
SELECT e.empno, e.ename, d.deptno, d.dname, d.loc          ①
FROM EMP e
    LEFT JOIN DEPT d ON e.deptno = d.deptno                 ②
UNION
SELECT e.empno, e.ename, d.deptno, d.dname, d.loc          ③
FROM EMP e
    RIGHT JOIN DEPT d ON e.deptno = d.deptno                ④
```

上述代码第①行到第②行是左连接查询,代码第③行到第④行是右连接查询,它们通过 UNION 运算符联合起来。

员工表与部门表的全连接查询结果如图 10-16 所示,查询出 19 条数据,其中没有匹配的数据用 NULL 填充。

empno	ename	deptno	dname	loc
7369	SMITH	20	RESEARCH	DALLAS
7499	ALLEN	30	SALES	CHICAGO
7521	WARD	30	SALES	CHICAGO
7566	JONES	20	RESEARCH	DALLAS
7654	MARTIN	30	SALES	CHICAGO
7698	BLAKE	30	SALES	CHICAGO
7782	CLARK	10	ACCOUNTING	NEW YORK
7788	SCOTT	20	RESEARCH	DALLAS
7839	KING	10	ACCOUNTING	NEW YORK
7844	TURNER	30	SALES	CHICAGO
7876	ADAMS	20	RESEARCH	DALLAS
7900	JAMES	30	SALES	CHICAGO
7902	FORD	20	RESEARCH	DALLAS
7934	MILLER	10	ACCOUNTING	NEW YORK
8360	刘备	NULL	NULL	NULL
8361	关羽	NULL	NULL	NULL
8362	张飞	60	总经理办公室	北京
NULL	NULL	40	OPERATIONS	BOSTON
NULL	NULL	50	秘书处	上海

图 10-16 员工表与部门表的全连接查询结果

10.6 交叉连接

交叉连接是将一个表的每行与另一个表的每行组合在一起。例如,员工表(EMP)中有 17 条数据,部门表(DEPT)中有 6 条数据,那么这两个表的交叉连接结果是返回 102 条数据。

10.6.1 交叉连接语法 1

交叉连接有两种语法形式,其中语法 1 如下:

```
SELECT 表 1.字段 1,表 1.字段 2,表 2.字段 1,...
FROM 表 1 表 2;
```

可见,如果将内连接语法 1 的如下连接条件删除,就是交叉连接了。

```
WHERE 表 1.匹配字段 = 表 2.匹配字段
```

采用语法 1 实现代码如下:

```
SELECT *
FROM EMP e, DEPT d;
```

上述代码是将员工表和部门表交叉连接,可见是没有连接条件的,代码执行结果如

图 10-17 所示，返回 102 条数据。

	EMPNO	ENAME	JOB	MGR	HIREDATE	SAL	comm	DEPTNO	DEPTNO	DNAME	loc
1	7369	SMITH	CLERK	7902	29572	800	NULL	20	60	总经理办公室	北京
2	7369	SMITH	CLERK	7902	29572	800	NULL	20	50	秘书处	上海
3	7369	SMITH	CLERK	7902	29572	800	NULL	20	40	OPERATIONS	BOSTON
4	7369	SMITH	CLERK	7902	29572	800	NULL	20	30	SALES	CHICAGO
...	...	...	...	...	...	...	...	...	...	...	...
85	8360	刘备	领导	NULL	800-2-17	8000	NULL	80	60	总经理办公室	北京
86	8360	刘备	领导	NULL	800-2-17	8000	NULL	80	50	秘书处	上海
87	8360	刘备	领导	NULL	800-2-17	8000	NULL	80	40	OPERATIONS	BOSTON
88	8360	刘备	领导	NULL	800-2-17	8000	NULL	80	30	SALES	CHICAGO
89	8360	刘备	领导	NULL	800-2-17	8000	NULL	80	20	RESEARCH	DALLAS
90	8360	刘备	领导	NULL	800-2-17	8000	NULL	80	10	ACCOUNTING	NEW YORK
91	8361	关羽	将军	8360	800-3-7	5500	NULL	90	60	总经理办公室	北京
92	8361	关羽	将军	8360	800-3-7	5500	NULL	90	50	秘书处	上海
93	8361	关羽	将军	8360	800-3-7	5500	NULL	90	40	OPERATIONS	BOSTON
94	8361	关羽	将军	8360	800-3-7	5500	NULL	90	30	SALES	CHICAGO
95	8361	关羽	将军	8360	800-3-7	5500	NULL	90	20	RESEARCH	DALLAS
96	8361	关羽	将军	8360	800-3-7	5500	NULL	90	10	ACCOUNTING	NEW YORK
97	8362	张飞	将军	8360	800-12-3	5000	NULL	60	60	总经理办公室	北京
98	8362	张飞	将军	8360	800-12-3	5000	NULL	60	50	秘书处	上海
99	8362	张飞	将军	8360	800-12-3	5000	NULL	60	40	OPERATIONS	BOSTON
100	8362	张飞	将军	8360	800-12-3	5000	NULL	60	30	SALES	CHICAGO
101	8362	张飞	将军	8360	800-12-3	5000	NULL	60	20	RESEARCH	DALLAS
102	8362	张飞	将军	8360	800-12-3	5000	NULL	60	10	ACCOUNTING	NEW YORK

图 10-17　交叉连接结果

10.6.2　交叉连接语法 2

交叉连接语法 2 如下：

```
SELECT 表 1.字段 1,表 1.字段 2,表 2.字段 1,...
FROM 表 1
CROSS JOIN 表 2;
```

可见，如果将内连接语法 2 的如下连接条件删除，并将 INNER 关键字替换为 CROSS，就是交叉连接：

```
ON 表 1.匹配字段 = 表 2.匹配字段
```

采用语法 2 实现代码如下：

```
-- 语法 2 实现交叉连接
SELECT *
FROM EMP e
    CROSS JOIN DEPT d;
```

上述代码执行结果如图 10-17 所示。

◎注意　交叉连接的语法 2 形式在很多数据库中是不支持的（如 SQLite 数据库等），而语法 1 形式多数数据库都是支持的。

提示 大多数时候,没有连接条件的笛卡儿积既无现实意义,又非常影响性能。但有一个场景适用笛卡儿积,即使用笛卡儿积生成大量数据,用于测试数据库。

10.7 本章小结

本章重点介绍使用 SQL 语言中的表连接,其中包括内连接、左连接、右连接、全连接和交叉连接。

10.8 同步练习

一、选择题

1. 如果 A 表有 3 条数据,B 表有 6 条数据,那么两个表内连接后最多有多少条数据?( )

    A. 3   B. 6   C. 18   D. 0

2. 如果 A 表有 3 条数据,B 表有 6 条数据,那么 A 表左连接 B 表后最多有多少条数据?( )

    A. 3   B. 6   C. 18   D. 0

3. 如果 A 表有 3 条数据,B 表有 6 条数据,那么 A 表右连接 B 表后最多有多少条数据?( )

    A. 3   B. 6   C. 18   D. 0

4. 如果 A 表有 3 条数据,B 表有 6 条数据,那么 A 表全连接 B 表后最多有多少条数据?( )

    A. 3   B. 6   C. 18   D. 0

二、判断题

1. 没有连接条件的笛卡儿积既无现实意义,又非常影响性能。( )

2. 笛卡儿积一般用于生成大量数据,测试数据库。( )

第 11 章　MySQL 数据库中特有的 SQL 语句

之前介绍的 SQL 语句都是标准的 SQL 语句,但事实上不同的数据库管理系统所支持的 SQL 语句有所不同,本章介绍一些 MySQL 数据库中特有的 SQL 语句。

微课视频

11.1　自增长字段

MySQL 建表时可以指定字段为自增长(**AUTO INCREMENT**)类型。顾名思义,自增长类型就是在插入数据时,该字段值会自动加 1,它要求字段是整数类型,而且这种自增长类型字段通常是表的主键字段。

使用自增长字段代码如下:

```
-- 选择数据库
USE school_db;
-- 创建学生表的语句
CREATE TABLE student(
    s_id    INTEGER  PRIMARY KEY NOT NULL AUTO_INCREMENT,    -- 学号
    s_name  VARCHAR(20),                                     -- 姓名
    gender  CHAR(1),                                         -- 性别,'F'表示女,'M'表示男
    PIN     CHAR(18)                                         -- 身份证号码
);
```

上述示例创建 student 表,其中 s_id 是自增长字段,使用 AUTO_INCREMENT 关键字声明自增长字段。在 MySQL Workbench 工具中执行 SQL 语句,结果如图 11-1 所示。

表创建成功后,可以通过 INSERT 语句插入一些数据,假设通过如下 SQL 语句插入 3 条数据。

```
-- 插入测试数据
INSERT INTO student (s_name,gender) VALUES('张三','M');
INSERT INTO student (s_name,gender) VALUES('李四','F');
INSERT INTO student (s_name,gender) VALUES('王五','M');
```

插入数据成功后,再来查询数据,如图 11-2 所示,可见 s_id 字段从 1 增加到 3。

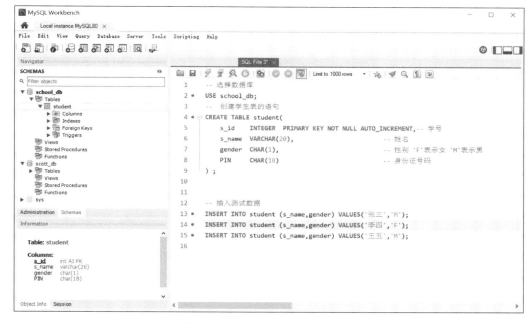

图 11-1 在 MySQL Workbench 工具中执行 SQL 语句

s_id	s_name	gender	PIN
1	张三	M	NULL
2	李四	F	NULL
3	王五	M	NULL
NULL	NULL	NULL	NULL

图 11-2 查询数据

11.2 MySQL 中与日期相关的数据类型

微课视频

不同的数据库中与日期相关数据类型都有一些差别,本节介绍 MySQL 中与日期相关数据类型,这些数据类型如下:

(1) **DATETIME**:同时包含日期和时间信息的数据,以 YYYY-MM-DD HH：MM：SS 格式显示 **DATETIME** 数值,取值范围为 1000-01-01 00：00：00 到 9999-12-31 23：59：59。

(2) **DATE**:仅包含日期,没有时间部分,以 YYYY-MM-DD 格式显示数值,取值范围为 1000-01-01 到 9999-12-31。

(3) **TIME**:仅表示一天中的时间,且以 HH：MM：SS 格式显示该数值。取值范围为 00：00：00 到 23：59：59。

(4) **TIMESTAMP**:时间戳类型,取值范围为 1970-01-01 00：00：01 UTC(协调世界时间) 到 2038-01-19 03：14：07 UTC。如果要存储超过 2038 的时间值,则应使用 DATETIME 而不是 **TIMESTAMP**。 TIMESTAMP 以 UTC 值存储,所以它是与时区相关的,而

DATETIME 值是按原样存储，没有时区。

下面通过示例熟悉 TIMESTAMP 与 DATETIME 的区别。创建测试表如下：

```
-- MySQL 日期相关数据类型
-- 选择数据库
USE school_db;
-- 创建测试表
CREATE TABLE timestamp_n_datetime (
    id INT AUTO_INCREMENT PRIMARY KEY,
    ts TIMESTAMP,
    dt DATETIME
);
```

其中，ts 字段是 TIMESTAMP 类型，dt 字段是 DATETIME 类型。执行上述 SQL 语句创建 timestamp_n_ datetime 表，用来测试 TIMESTAMP 与 DATETIME 的区别，在 MySQL Workbench 工具中执行 SQL 语句，结果如图 11-3 所示。

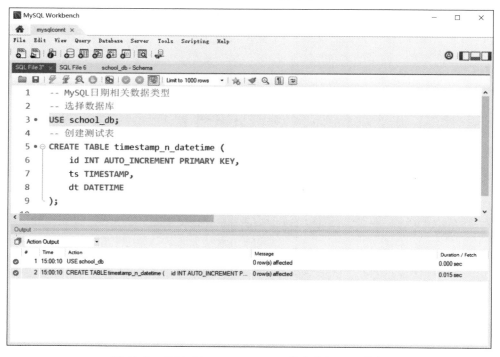

图 11-3　在 MySQL Workbench 工具中执行 SQL 语句

timestamp_n_datetime 表创建成功后，可以通过如下 SQL 语句插入一条数据进行测试。

```
-- 插入测试数据
INSERT INTO timestamp_n_datetime(ts,dt)VALUES(NOW(),NOW());
```

其中，NOW()是获得当前时间的函数，插入测试数据后，通过如下 SQL 语句查询数据。

```
-- 查询数据
```

```
SELECT ts,dt FROM timestamp_n_datetime;
```

执行 SQL 语句,结果如图 11-4 所示,可见 TIMESTAMP 与 DATETIME 没有区别。

为了测试 TIMESTAMP 与时区有关,下面设置 MySQL 数据库时区。在设置前先查看一下数据库当前时区,查看时区的 SQL 语句如下:

```
-- 显示数据时区
show variables like "%time_zone%";
```

如图 11-5 所示,SYSTEM 表示当前时区来自当前操作系统时区。

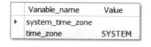

图 11-4　执行 SQL 语句结果①　　　　　图 11-5　查看时区

将当前系统时区设置为东 3 区(莫斯科时间)。代码如下:

```
-- 设置时区为东 3 区
SET time_zone = '+03:00';
```

设置时区完成后,可以再使用 SQL 语句查询一下,结果如图 11-6 所示,可见重新设置时区后两种数据类型是不同的。

图 11-6　执行 SQL 语句结果②

11.3　限制返回行数

微课视频

在 MySQL 中可以使用 LIMIT 子句限制返回行数。LIMIT 子句对具有大量数据的大型表很有用,因为返回大量数据会影响性能。LIMIT 的基本语法结构如下:

```
SELECT field1, field2, ...
FROM table_name
LIMIT [offset,] rows | rows;
```

其中,offset 是设置偏移量,表示数据从第 offset+1 条开始返回,offset 默认为 0,如果省略,则表示从第 1 条数据开始返回;rows 设置返回的数据行数。

下面通过示例熟悉 LIMIT 子句的使用,为了演示示例,首先使用如下 SQL 语句查询 scott 库中的 emp 表。

```
SELECT *  FROM emp;
```

查询结果如图 11-7 所示,返回 14 条数据。

1. 省略偏移量

使用 LIMIT 子句的最简单形式是省略偏移量,事实上就是偏移量为 0,示例代码如下:

```
SELECT *  FROM emp LIMIT 2;
```

查询语句省略了偏移量，返回的数据是从第 1 条开始并返回两条数据，查询结果如图 11-8 所示。

EMPNO	ENAME	JOB	MGR	HIREDATE	SAL	comm	DEPTNO
7369	SMITH	CLERK	7902	1980-12-17	800	NULL	20
7499	ALLEN	SALESMAN	7698	1981-2-20	1600	300	30
7521	WARD	SALESMAN	7698	1981-2-22	1250	500	30
7566	JONES	MANAGER	7839	1982-1-23	2975	NULL	20
7654	MARTIN	SALESMAN	7698	1981-4-2	1250	1400	30
7698	BLAKE	MANAGER	7839	1981-9-28	2850	NULL	30
7782	CLARK	MANAGER	7839	1981-5-1	2450	NULL	10
7788	SCOTT	ANALYST	7566	1981-6-9	3000	NULL	20
7839	KING	PRESIDENT	NULL	1987-4-19	5000	NULL	10
7844	TURNER	SALESMAN	7698	1981-11-17	1500	0	30
7876	ADAMS	CLERK	7788	1981-9-8	1100	NULL	20
7900	JAMES	CLERK	7698	1987-5-23	950	NULL	30
7902	FORD	ANALYST	7566	1981-12-3	3000	NULL	20
7934	MILLER	CLERK	7782	1981-12-3	1300	NULL	10
NULL	NULL	NULL	NULL	NULL	NULL	NULL	NULL

图 11-7　查询结果

EMPNO	ENAME	JOB	MGR	HIREDATE	SAL	comm	DEPTNO
7369	SMITH	CLERK	7902	1980-12-17	800	NULL	20
7499	ALLEN	SALESMAN	7698	1981-2-20	1600	300	30
NULL	NULL	NULL	NULL	NULL	NULL	NULL	NULL

图 11-8　省略了偏移量的查询结果

2. 指定偏移量

指定偏移量示例代码如下：

```
SELECT *  FROM emp LIMIT 1, 2;
```

上述代码指定偏移量为 1，就是从第 2 条数据开始，返回两条数据。执行上述 SQL 语句，结果如图 11-9 所示。

EMPNO	ENAME	JOB	MGR	HIREDATE	SAL	comm	DEPTNO
7499	ALLEN	SALESMAN	7698	1981-2-20	1600	300	30
7521	WARD	SALESMAN	7698	1981-2-22	1250	500	30
NULL	NULL	NULL	NULL	NULL	NULL	NULL	NULL

图 11-9　指定偏移量的查询结果

3. 另一种指定偏移量方法

为了兼容 PostgreSQL 数据库，MySQL 还提供另外一种指定偏移量方法，修改代码如下：

```
SELECT *  FROM emp LIMIT 2 OFFSET 1;
```

其中，偏移量通过 OFFSET 关键字指定，查询结果如图 11-10 所示。

EMPNO	ENAME	JOB	MGR	HIREDATE	SAL	comm	DEPTNO
7499	ALLEN	SALESMAN	7698	1981-2-20	1600	300	30
7521	WARD	SALESMAN	7698	1981-2-22	1250	500	30
NULL	NULL	NULL	NULL	NULL	NULL	NULL	NULL

图 11-10　偏移量通过 OFFSET 关键字指定的查询结果

11.4　常用函数

各种数据库都提供了一些特有函数,下面从几个方面介绍一些常用的函数。

11.4.1　数字型函数

微课视频

数字型函数主要是对数字型数据进行处理,常用的数字型函数如下:

(1) **ABS**(x):返回 x 的绝对值。

(2) **FLOOR**(x):返回小于 x 的最大整数值。

(3) **RAND**():返回 0～1 的随机值。

(4) **ROUND**(x,y):返回参数 x 四舍五入有 y 位小数的值。

(5) **TRUNCATE**(x,y):返回数值 x 保留到小数点后 y 位的值。

测试 ABS()和 FLOOR()函数,示例代码如下:

```
select ABS(-10),FLOOR(-1.2),FLOOR(1.2);
```

上述代码执行结果如图 11-11 所示,其中 FLOOR(−1.2)输出结果为−2,FLOOR(1.2)输出结果为 1。

ABS(-10)	FLOOR(-1.2)	FLOOR(1.2)
10	-2	1

图 11-11　执行结果

测试 RAND()、ROUND()和 TRUNCATE()函数,示例代码如下:

```
select  RAND(), ROUND(0.456789,3),TRUNCATE(0.456789,3);
```

上述代码执行结果如图 11-12 所示,可见其中 RAND()函数输出 0～1 的随机数,ROUND(0.456789,3)是对 0.456789 进行四舍五入,并保留 3 位小数,输出结果为 0.457;TRUNCATE(0.456789,3)截取 0.456789 小数点后 3 位,输出结果是 0.456。

RAND()	ROUND(0.456789,3)	TRUNCATE(0.456789,3)
0.9470780239878949	0.457	0.456

图 11-12　测试 **RAND**()、**ROUND**()和 **TRUNCATE**()函数执行结果

11.4.2　字符串函数

微课视频

字符串函数可以对字符串类型数据进行处理,下面介绍一些常用的字符串函数。

(1) **LENGTH**(s):返回字符串 s 的字节长度。

(2) **CONCAT**(s1,s2,…):将多个表达式连接成一个字符串。

(3) **LOWER**(s):将 s 中的字母全部转换为小写。

(4) **UPPER**(s):将 s 中的字母全部转换为大写。

（5）**LEFT**（s，x）：返回字符串 s 中最左边的 x 个字符。

（6）**RIGHT**（s，x）：返回字符串 s 中最右边的 x 个字符。

（7）**RTRIM**（s）：删除字符串 s 右侧的空格。

（8）**LTRIM**（s）：删除字符串 s 左侧的空格。

（9）**TRIM**（str）：删除字符串左右两侧的空格。

（10）**LPAD**（s，length，lpad_string）：在字符串 s 左侧填充字符串 lpad_string，直到 length 长度。

（11）**RPAD**（s，length，rpad_string）：在字符串 s 右侧填充字符串 rpad_string，直到 length 长度。

（12）**SUBSTRING**（s，start，length）：截取字符串 s，返回从 start 位置开始，截取长度为 length 的字符串。

测试 LENGTH（）和 CONCAT（）函数，示例代码如下：

```
SELECT ENAME,LENGTH(ENAME),                                    ①
CONCAT(ENAME, JOB, SAL) AS empstr1,                            ②
CONCAT_WS(" - ",ENAME, JOB, SAL) AS empstr2                    ③
FROM emp limit 5;
```

上述代码第①行使用 LENGTH（）函数返回 ENAME 字段的长度。代码第②行使用 CONCAT（）函数将 ENAME、JOB 和 SAL 字段连接起来，注意它们之间没有任何分隔，如果希望指定分隔符，则可以使用 CONCAT_WS（）函数，见代码第③行，连接的表达式之间使用"-"符号分隔。

上述代码执行结果如图 11-13 所示。

ENAME	LENGTH(ENAME)	empstr1	empstr2
SMITH	5	SMITHCLERK800	SMITH-CLERK-800
ALLEN	5	ALLENSALESMAN1600	ALLEN-SALESMAN-1600
WARD	4	WARDSALESMAN1250	WARD-SALESMAN-1250
JONES	5	JONESMANAGER2975	JONES-MANAGER-2975
MARTIN	6	MARTINSALESMAN1250	MARTIN-SALESMAN-1250

图 11-13　测试 LENGTH（）和 CONCAT（）函数执行结果

测试 LOWER（）、UPPER（）、LEFT（）和 RIGHT（）函数，示例代码如下：

```
SELECT
LOWER(ENAME),
UPPER(ENAME),
LEFT(ENAME,3),
RIGHT(ENAME,3)
FROM emp limit 5;
```

上述代码执行结果如图 11-14 所示。

测试 LTRIM（）、RTRIM（）和 TRIM（）函数，示例代码如下：

```
SELECT
("    SQL Tutorial    "),
```

	LOWER(ENAME)	UPPER(ENAME)	LEFT(ENAME,3)	RIGHT(ENAME,3)
▶	smith	SMITH	SMI	ITH
	allen	ALLEN	ALL	LEN
	ward	WARD	WAR	ARD
	jones	JONES	JON	NES
	martin	MARTIN	MAR	TIN

图 11-14 测试 LOWER()、UPPER()、LEFT()和 RIGHT()函数执行结果

```
LTRIM("    SQL Tutorial") AS LeftTrimmedString,
RTRIM("SQL Tutorial    ") AS RightTrimmedString,
TRIM('    SQL Tutorial    ') AS TrimmedString;
```

上述代码执行结果如图 11-15 所示。

测试 LPAD()、RPAD()和 SUBSTRING()函数,示例代码如下:

```
SELECT
ename,
LPAD(ename, 10, "#") ,
RPAD(ename, 10, "%") ,
SUBSTRING("SQL Tutorial", 5, 3) AS ExtractString
FROM emp limit 5;
```

上述代码执行结果如图 11-16 所示。

	SQL Tutorial	LeftTrimmedString	RightTrimmedString	TrimmedString
▶	SQL Tutorial	SQL Tutorial	SQL Tutorial	SQL Tutorial

图 11-15 测试 LTRIM()、RTRIM()和 TRIM()函数执行结果

	ename	LPAD(ename, 10, "#")	RPAD(ename, 10, "%")	ExtractString
▶	SMITH	#####SMITH	SMITH%%%%%	Tut
	ALLEN	#####ALLEN	ALLEN%%%%%	Tut
	WARD	######WARD	WARD%%%%%%	Tut
	JONES	#####JONES	JONES%%%%%	Tut
	MARTIN	####MARTIN	MARTIN%%%%	Tut

图 11-16 测试 LPAD()、RPAD()和 SUBSTRING()函数执行结果

11.4.3 日期和时间函数

微课视频

日期和时间函数使用场景比较多,下面介绍一些常用的日期和时间函数。

(1) **CURDATE()**:返回当前系统的日期值,该函数的另一种写法是 CURRENT_DATE()。

(2) **CURTIME()**:返回当前系统的时间值,该函数的另一种写法是 CURRENT_TIME()。

(3) **NOW()**:返回当前系统的日期和时间值,该函数的另一种写法是 SYSDATE()。

(4) **MONTH()**:获取指定日期中的月份。

(5) **YEAR()**:获取年份。

(6) **ADDTIME()**:时间加法运算,在指定的时间上添加指定的时间秒数。

(7) **DATEDIFF()**:获取两个日期之间的天数。

（8）**DATE_FORMAT()**：格式化日期，根据日期格式化参数返回指定格式日期字符串，主要的日期格式化参数说明如表 11-1 所示。

表 11-1　日期格式化参数说明

参　数	说　明
%Y	年，4 位
%y	年，2 位
%m	月（取值为 00～12）
%d	月中的天（取值为 00～31）
%e	月中的天（取值为 0～31）
%H	24 小时制的小时
%h	12 小时制的小时
%i	分钟（取值为 00～59）
%S	秒（取值为 00～59）

测试 CURDATE()、CURTIME()和 NOW()函数，示例代码如下：

```
-- 测试 CURDATE()、CURTIME()和 NOW()函数
SELECT
CURDATE(),
CURTIME(),
NOW();
```

上述代码执行结果如图 11-17 所示。

CURDATE()	CURTIME()	NOW()
2022-11-12	21:31:46	2022-11-12 21:31:46

图 11-17　测试 CURDATE()、CURTIME()和 NOW()函数执行结果

测试 MONTH()和 YEAR()函数，示例代码如下：

```
-- 测试 MONTH()和 YEAR()函数
SELECT MONTH("2017 - 06 - 15"),
YEAR("2017 - 06 - 15");
```

上述代码执行结果如图 11-18 所示。

MONTH("2017-06-15")	YEAR("2017-06-15")
6	2017

图 11-18　测试 MONTH()和 YEAR()函数执行结果

测试 ADDTIME()和 DATEDIFF()函数，示例代码如下：

```
-- 测试 ADDTIME()和 DATEDIFF()函数
SELECT ADDTIME("11:34:21", "10"),
DATEDIFF("2017 - 06 - 25", "2017 - 06 - 15");
```

上述代码执行结果如图 11-19 所示。

测试 DATE_FORMAT()函数，示例代码如下：

ADDTIME("11:34:21", "10")	DATEDIFF("2017-06-25", "2017-06-15")
▸ 11:34:31	10

图 11-19　测试 ADDTIME( )和 DATEDIFF( )函数执行结果

```
SELECT
DATE_FORMAT(NOW(),'%Y-%m-%d'),
DATE_FORMAT(NOW(),'%y-%m-%d %H:%i:%s');
```

上述代码执行结果如图 11-20 所示。

DATE_FORMAT(NOW(),'%Y-%m-%d')	DATE_FORMAT(NOW(),'%y-%m-%d %H:%i:%s')
▸ 2022-11-12	22-11-12 21:38:45

图 11-20　测试 DATE_FORMAT( )函数执行结果

11.5　本章小结

本章主要介绍 MySQL 数据库中特有的 SQL 语句，包括自增长字段、MySQL 日期相关数据类型、使用 LIMIT 子句，最后介绍 MySQL 常用函数。

11.6　同步练习

一、选择题

1. 下列哪些函数可进行四舍五入计算？（　　　　）
   A. FLOOR(x)　　　　　　　　　　B. ABS(x)
   C. ROUND(x,y)　　　　　　　　　D. TRUNCATE(x,y)

2. 下列哪些函数可返回当前系统的日期值？（　　　　）
   A. CURDATE( )　　　　　　　　　B. CURRENT_DATE( )
   C. NOW( )　　　　　　　　　　　D. SYSDATE( )

二、操作题

创建 teacher 表，其中编号（no）字段是自增长类型。

三、判断题

1. LIMIT 子句对具有大量数据的大型表很有用，因为返回大量数据会影响性能。（　　　）

2. 使用 LIMIT 子句的最简单形式是省略偏移量，事实上就是偏移量为 1。（　　　）

## 第 12 章

MySQL 数据库开发

在数据库中除了可以创建表、视图、索引等 SQL 对象外,还可以创建存储过程(Stored Procedure)。所谓存储过程是存储在服务器端的程序代码,存储过程在数据库中定义,存储过程能够与任何一个数据库应用程序相分离,这一分离具有如下许多优点。

(1)可反复调用:存储过程一次编译并存储于数据库中供以后调用,应用程序只需调用即可反复获得预期结果。

(2)高效:在网络数据库服务器环境中使用存储过程,无须通过网络通信即可访问数据库中的数据。这意味着与在某一客户端的应用程序执行相比,存储过程执行的速度更快,并且对网络性能的影响较小。

(3)安全性:在存储过程中可以对数据设置一定的访问限制,使用存储过程会更加安全。

注意 由于存储过程不同的数据库差别很多,本章介绍的存储过程是基于 MySQL 数据库。

微课视频

12.1 存储过程

下面介绍在 MySQL 数据库中如何创建、调用和删除存储过程。

微课视频

12.1.1 使用存储过程重构"查找销售部所有员工信息"案例

9.3.1 节和 10.1.1 节介绍的"查找销售部所有员工信息"案例,除了可以通过子查询和表连接实现外,还可以通过存储过程实现,具体代码如下:

```
-- 重新定义语句结束符
DELIMITER $ $                                    ①

-- 创建存储过程
```

```
CREATE PROCEDURE sp_find_emps()                                         ②
BEGIN                                                                   ③

  -- 声明变量 V_deptno
DECLARE V_deptno INT;                                                   ④

  -- 从 dept 表查询 deptno 字段,数据赋值给变量 V_deptno
SELECT deptno INTO V_deptno FROM dept WHERE dname = 'SALES';            ⑤

  -- 查询 emp 表
SELECT  * FROM emp WHERE deptno = V_deptno;                             ⑥

END $ $                                                                 ⑦

  -- 恢复语句结束符;
DELIMITER;                                                              ⑧
```

上述代码第①行中 DELIMITER 语句重新定义 SQL 语句结束符为 $ $,开发人员也可以使用其他特殊符号作为结束符,只要不与系统其他符号发生冲突即可,一般推荐使用 $ $ 或//,但不要使用\\,因为\在 SQL 中是转义符。

💡**提示**　默认情况下 SQL 语句结束符是分号,当数据库系统遇到 SQL 语句结束符时,会认为语句结束,数据库马上执行该语句,但是在存储过程中往往包含多条 SQL 语句,开发人员并不希望每条语句分别执行,而是批量执行。所以,重新定义语句结束符后,数据库系统在存储过程中遇到分号时不会马上执行。

代码第②行定义存储过程 sp_find_emps,创建存储过程使用 SQL 语句 CREATE PROCEDURE。

代码第③行 BEGIN 语句与代码第⑦行的 END 语句对应,指定存储过程代码块的范围,它类似于 Java 和 C 等语言中的大括号。

代码第④行使用 DECLARE 关键字声明 V_deptno 变量。声明变量的语法如下:

```
DECLARE variable_name datatype(size) [DEFAULT default_value];
```

代码第⑤行从 dept 表查询部门编号,并把它赋值给 V_deptno 变量,然后将 V_deptno 变量作为查询条件从 emp 表查询数据,见代码第⑥行,其中使用 SELECT INTO 语句,语法格式如下:

```
SELECT expression1 [, expression2 ...] INTO variable1 [, variable2 ...] 其他 SELECT
```

SELECT INTO 语句可以从表中查询出多个字段或表达式,并赋值给多个变量。

执行上述代码,在数据库中会创建一个存储过程对象,这个过程会编译上述代码。通过 Workbench 工具查看存储过程,如图 12-1 所示,在 Workbench 存储过程列表(Stored

Procedures）中看到刚创建的存储过程。注意，如果没有看到，要刷新一下。

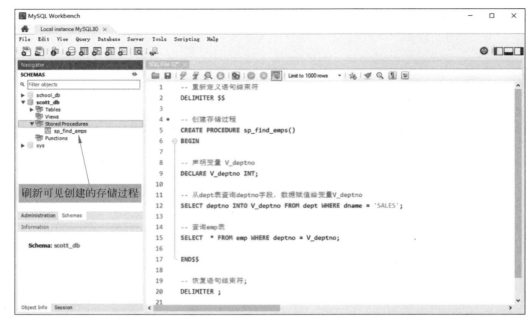

图 12-1　查看存储过程

读者也可以通过 SHOW PROCEDURE 语句查询存储过程，代码如下：

```
SHOW PROCEDURE STATUS WHERE db = 'scott_db';
```

其中，WHERE 子句指定数据库，执行结果如图 12-2 所示。

	Db	Name	Type	Definer	Modified	Created	Security_type	Cor	character_set	collatio	Database Collation
▶	scott_db	sp_find_emps	PROCEDURE	root@localhost	2022-11-12 22:08:49	2022-11-12 22:08:49	DEFINER		utf8mb4	utf8...	utf8mb4_09...

图 12-2　执行结果

12.1.2　调用存储过程

创建存储过程的目的是反复调用，因此调用存储过程非常重要。调用存储过程比较简单，使用 call 语句实现，代码如下：

```
call scott_db.sp_find_emps();
```

call 是调用存储过程的关键字，scott_db 是存储过程所在的数据库。

如果是当前数据库可以省略数据库，则调用代码如下：

```
call sp_find_emps();
```

在 Workbench 工具中调用存储过程，如图 12-3 所示。读者可以在 SQL 窗口中编写 call 语句调用存储过程，也可以在 Workbench 工具中自动生成调用存储过程语句，如图 12-4 所示。

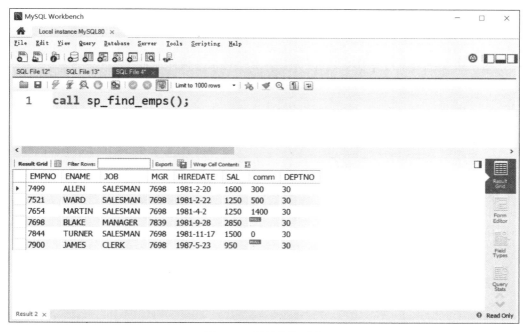

图 12-3　调用存储过程

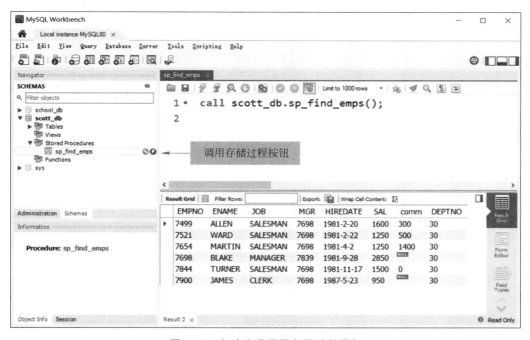

图 12-4　自动生成调用存储过程语句

12.1.3　删除存储过程

删除存储过程的语句是 **DROP PROCEDURE**，语法结构如下：

```
DROP PROCEDURE scott_db.sp_find_emps;
```

其中 scott_db 是存储过程所在的数据库，如果是当前数据库可以省略，则调用代码如下：

```
DROP PROCEDURE sp_find_emps;
```

Workbench 工具提供了修改存储过程的功能，如图 12-5 所示，单击 sp_find_emps 按钮，会打开存储过程源代码，开发人员可以在此修改并保存代码。如果确认修改，则单击 Apply 按钮应用修改；如果取消修改，则单击 Revert 按钮撤销修改。

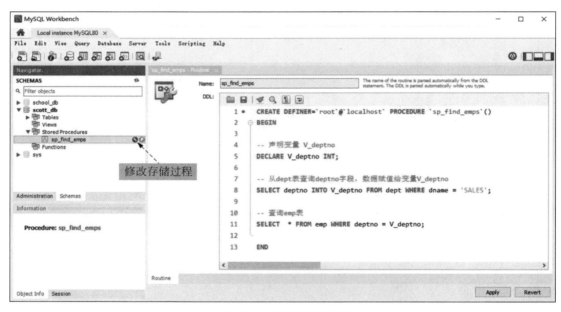

图 12-5　修改存储过程

微课视频

12.2　存储过程参数

创建存储过程时可以带有参数，它的语法形式如下：

```
[IN | OUT | INOUT] parameter_name datatype[(length)]
```

可见，有 **IN**、**OUT** 和 **INOUT** 3 种类型的参数。

12.2.1 IN 参数

IN 参数是默认类型。顾名思义,IN 参数只能将参数传入存储过程,参数的原始值在存储过程调用中不会被修改。

下面通过示例熟悉 IN 参数。查询销售部(SALES)所有员工,如果想根据传递的参数查询该部门所有员工,那么如何实现呢? 将部门名称作为一个 IN 参数,传递给存储过程进行查询,代码如下:

```
-- IN 参数

-- 重新定义语句结束符
DELIMITER $ $

-- 创建存储过程
-- 通过部门名称查询
CREATE PROCEDURE sp_find_emps_by_dname(IN P_dname text)        ①
BEGIN

 -- 声明 V_deptno 变量
DECLARE V_deptno INT;

 -- 从 dept 表查询 deptno 字段,数据赋值给 V_deptno 变量
SELECT deptno INTO V_deptno FROM dept WHERE dname = P_dname;   ②

 -- 查询 emp 表
SELECT  * FROM emp WHERE deptno = V_deptno;

END $ $

 -- 恢复语句结束符
DELIMITER;
```

上述代码第①行定义存储过程,其中 P_dname text 参数是 IN 类型参数。代码第②行将 IN 参数 P_dname text 作为条件查询部门编号,并将查询出的部门编号赋值给 V_deptno 变量。

执行上述代码,会创建 emps_by_dname 存储过程。

那么,调用存储过程查询 ACCOUNTING(财务部)所有员工的代码如下:

```
call sp_find_emps_by_dname('ACCOUNTING');
```

调用存储过程的 SQL 代码可以在任何 SQL 客户端执行,使用 Workbench 工具的执行结果如图 12-6 所示。

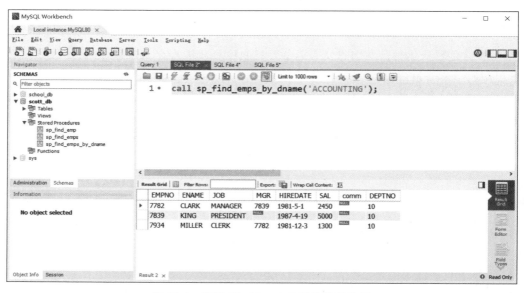

图 12-6　使用 Workbench 工具的执行结果

微课视频

12.2.2　OUT 参数

OUT 参数可以用于将存储过程中的数据回传给它的调用程序。注意，不要试图在存储过程中读取 OUT 参数的初始值，在存储过程中应该给它赋值。

下面通过示例熟悉 OUT 参数。使用存储过程实现查找资格最老的员工，实现代码如下：

```
-- 如果 sp_find_emp 存储过程存在,则删除
DROP PROCEDURE IF EXISTS sp_find_emp;                    ①

-- 重新定义语句结束符
DELIMITER $ $

-- 创建存储过程
-- 通过部门名称查询
CREATE PROCEDURE sp_find_emp(OUT  P_name text)          ②
BEGIN

-- 查询 EMP 表中资格最老的员工
SELECT ename INTO P_name                                ③
FROM EMP
WHERE HIREDATE = (
    SELECT MIN(HIREDATE)
    FROM EMP);                                         ④
END $ $
```

```
-- 恢复语句结束符
DELIMITER;
```

上述代码第①行是先判断是否已经存在 sp_find_emp 存储过程，如果存在，则先删除。代码第②行创建存储过程，其中 P_name text 是 OUT 参数，代码第③行到第④行通过一个子查询查询资格最老的员工，并把员工姓名赋值给输出参数 P_name。

执行上述代码创建存储过程，调用代码如下：

```
set @P_name = '';                                                    ①
call sp_find_emp(@P_name);                                           ②
select @P_name;                                                      ③
```

为了接收从存储过程返回的参数数据，代码第①行声明变量@P_name，并初始化为空字符串，@开头的变量称为会话变量，set 关键字为变量赋初始值。代码第②行才是真正调用存储过程的代码，代码第③行将返回的变量值打印出来，select 语句是 MySQL 中用于打印变量的语句。

使用 Workbench 工具执行调用代码，结果如图 12-7 所示。

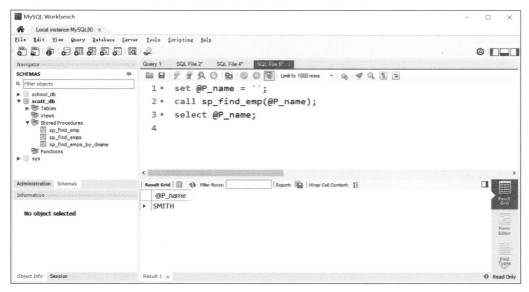

图 12-7　使用 Workbench 工具执行调用代码

提示　会话变量是服务器为每个客户端连接维护的变量，它的作用域仅限于当前客户端连接，如果连接断开，则变量失效。而 DECLARE 声明的变量称为局部变量，它的作用域是当前代码块，即 BEGIN-END 代码。

12.2.3　INOUT 参数

INOUT 参数是 **IN** 参数和 **OUT** 参数的结合，是既可以传入也可以传出的参数。

为了熟悉 INOUT 参数，下面编写一个累加器，实现代码如下：

```
DROP PROCEDURE IF EXISTS SetCounter;

-- 重新定义语句结束符
DELIMITER $ $

-- 创建存储过程
CREATE PROCEDURE SetCounter(
    INOUT counter INT,
    IN inc INT
)

BEGIN
    SET counter = counter + inc;
END $ $

-- 恢复语句结束符;
DELIMITER;
```

上述代码定义了用于累加的存储过程 SetCounter。SetCounter 有两个参数：counter 参数是 INOUT 类型，inc 参数是 IN 类型，SetCounter 实现了将 counter 和 inc 参数相加，然后再通过 counter 参数将相加结果返回给调用程序。

提示　读者会发现存储过程 SetCounter 中没有访问任何表操作。虽然存储过程是用于数据库开发，但是并不一定每个存储过程都会访问数据库中的表，是否访问表取决于自己的业务需要。

执行上述代码创建存储过程，调用代码如下：

```
SET @counter = 1;                              ①
CALL SetCounter(@counter,1); -- 2              ②
CALL SetCounter(@counter,1); -- 3
CALL SetCounter(@counter,5); -- 8              ③
SELECT @counter; -- 8                          ④
```

上述代码第①行声明初始化会话变量@counter，并初始化为 1。代码第②行到代码第③行调用了 3 次存储过程 SetCounter，代码第④行打印变量@counter。

使用 Workbench 工具执行调用代码，结果如图 12-8 所示。

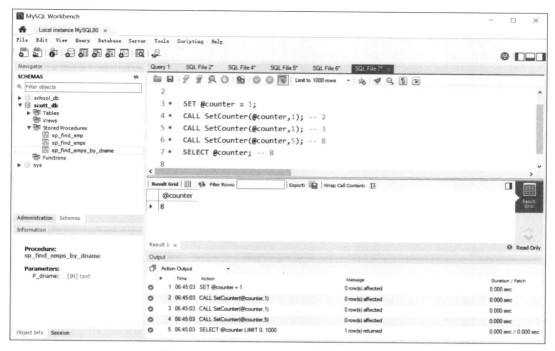

图 12-8　使用 Workbench 工具执行调用代码

12.3　存储函数

微课视频

在存储过程中还有一种特殊形式——存储函数(Stored Function),它通常返回单个值。

12.3.1　创建存储函数

使用 **CREATE FUNCTION** 指令创建存储函数,它的参数与存储过程一样,有 3 种类型。另外,在创建存储函数时要指定返回值,这是存储函数与存储过程的最大区别。

例如,12.2.2 节 OUT 参数示例完全可以定义一个存储函数来替代,实现代码如下:

```
DROP FUNCTION IF EXISTS sp_find_emp;

-- 重新定义语句结束符
DELIMITER $ $

-- 创建存储函数
-- 通过部门名称查询
CREATE FUNCTION   sp_find_emp()                                ①
```

```
RETURNS text                                                    ②

BEGIN
    DECLARE V_name text;                                        ③

 -- 查询 EMP 表中资格最老的员工
SELECT ename INTO V_name                                        ④
FROM EMP
WHERE HIREDATE = (
    SELECT MIN(HIREDATE)
    FROM EMP);                                                  ⑤

 -- 函数返回数据
    RETURN   V_name;                                            ⑥
END $ $

 -- 恢复语句结束符
DELIMITER;
```

上述代码第①行创建 sp_find_emp 存储函数，该函数没有参数。代码第②行声明函数返回值类型为 text(字符串)，RETURNS 是关键字。代码第③行声明局部变量 V_name。代码第④行到代码第⑤行从 EMP 表中查询资格最老的员工并赋值给 V_name 变量。代码第⑥行通过 RETURN 语句结束函数，将函数的计算结果返回给调用者。

默认情况下，上述代码执行时会发生如下错误。

Error Code: 1418. This function has none of DETERMINISTIC, NO SQL, or READS SQL DATA in its declaration and binary logging is enabled (you * might * want to use the less safe log_bin_trust_function_creators variable)

这是因为默认情况下存储函数创建者是不被信任的，要想创建存储函数，就必须声明如下函数限制：

（1）**DETERMINISTIC**：声明函数是确定性的，确定性函数就是相同的输入参数总是产生相同的结果。这种函数主要用于字符串或数学处理，如一个相加函数，如果输入的参数为 1 和 2，那么结果一定是 3。

（2）**NOT DETERMINISTIC**：声明函数是非确定性的，与 DETERMINISTIC 相反，它是默认值。

（3）**NO SQL**：声明函数是无 SQL 语句的，函数中不包含 SQL 语句。

（4）**READS SQL DATA**：声明函数是读取数据的，但它只包含读取数据的 SELECT 语句，不包含修改数据的 DML 语句。

（5）**MODIFIES SQL DATA**：声明函数是修改数据的，它只包含写入数据的 DML 语句。

由于本示例只是查询数据，因此可以使用 READS SQL DATA 限制函数，修改代码如下：

```
-- 如果 sp_find_emp 存在存储函数,则删除
DROP FUNCTION IF EXISTS sp_find_emp;

-- 重新定义语句结束符
DELIMITER $ $

-- 创建存储函数
-- 通过部门名称查询
CREATE FUNCTION  sp_find_emp()

RETURNS text

READS SQL DATA                                        ①

BEGIN
    DECLARE V_name text;

-- 查询 EMP 表中资格最老的员工
SELECT ename INTO V_name
FROM EMP
WHERE HIREDATE = (
    SELECT MIN(HIREDATE)
    FROM EMP);

-- 函数返回数据
    RETURN   V_name;
END $ $

-- 恢复语句结束符
DELIMITER;
```

上述代码第①行在函数中添加 READS SQL DATA 限制。上述示例代码执行后，创建存储函数，这个过程会编译上述代码。如果通过 Workbench 工具查看存储函数，如图 12-9 所示，在 Workbench 存储函数列表（Functions）中看到刚创建的存储函数。注意，如果没有看到，可以刷新一下。

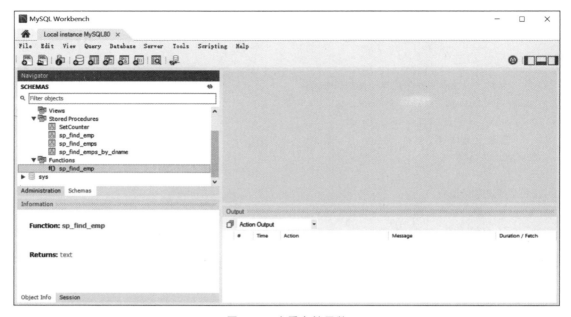

图 12-9　查看存储函数

查看存储函数与查看存储过程类似，使用的命令是 SHOW FUNCTION，代码如下：

```
SHOW PROCEDURE STATUS WHERE db = 'scott_db';
```

WHERE 子句指定数据库，通过命令查询存储函数，如图 12-10 所示。

	Db	Name	Type	Definer	Modified	Created	Security_type	Cor	character_set	collation	Database Collation
▶	scott_db	SetCounter	PROCE...	root@localhost	2022-11-13 06:42:51	2022-11-13 06:42:51	DEFINER		utf8mb4	utf8...	utf8mb4_09...
	scott_db	sp_find_emp	PROCE...	root@localhost	2022-11-13 06:34:11	2022-11-13 06:34:11	DEFINER		utf8mb4	utf8...	utf8mb4_09...
	scott_db	sp_find_emps	PROCE...	root@localhost	2022-11-12 22:53:26	2022-11-12 22:53:26	DEFINER		utf8mb4	utf8...	utf8mb4_09...
	scott_db	sp_find_emps_by_dname	PROCE...	root@localhost	2022-11-12 22:59:46	2022-11-12 22:59:46	DEFINER		utf8mb4	utf8...	utf8mb4_09...

图 12-10　查询存储函数

12.3.2　调用存储函数

调用存储函数与调用存储过程差别很大，调用存储函数不需要使用 call 语句。事实上，调用存储函数与调用 MySQL 内置函数方法没有区别，只要权限允许，可以在任何地方调用存储函数。测试调用 find_emp()函数，代码如下：

```
select scott_db.sp_find_emp();
```

scott_db 前缀说明存储函数是保存在 scott_db 库中的，上述代码会将函数返回值打印出来，在 Workbench 工具中调用存储函数，如图 12-11 所示。

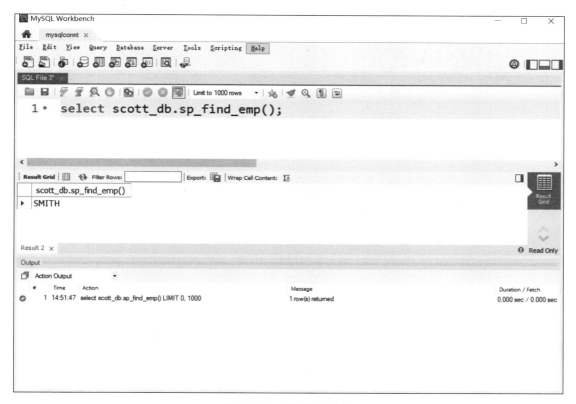

图 12-11　调用存储函数

12.4　本章小结

本章主要介绍 MySQL 数据库开发，重点介绍存储过程，其中包括创建存储过程、调用存储过程和删除存储过程，最后介绍存储函数。

12.5　同步练习

一、简述题

1. 简述使用存储过程的优势。

2. 简述在编写存储过程时为什么需要重新定义 SQL 语句结束符。

二、选择题

下列存储过程的参数类型有哪些？（　　　）

A. IN　　　　　　B. OUT　　　　　　C. INOUT　　　　　　D. IN OUT

三、判断题

1. 调用存储过程需要使用 call 关键字。（　　　）

2. 调用存储函数需要使用 call 关键字。（　　　）

3. INOUT 类型参数，可以传入数据。（　　　）

4. OUT 类型参数，不能传入数据。（　　　）

第 13 章

利用 Java 程序访问
MySQL 数据库

一个项目,不仅会有数据库,还会有某种编程语言所构建的上层代码,由于 Java 和 Python 语言开发人员比较多,因此本章和第 14 章介绍如何通过程序代码访问数据库中的数据,本章先介绍利用 Java 程序访问 MySQL 数据库。

13.1 JDBC 技术

Java 中数据库编程是通过 **JDBC**(Java DataBase Connectivity,Java 数据库连接)技术实现的。使用 JDBC 技术涉及三种不同的角色(Java 官方、数据库厂商和开发人员),如图 13-1 所示。

(1) Java 官方,提供 JDBC 接口,如 Connection、Statement 和 ResultSet 等。

(2) 数据库厂商,为了支持 Java 语言使用自己的数据库,他们根据 JDBC 接口提供了具体的实现类,这些具体实现类称为 JDBC Driver,即 JDBC 驱动程序,例如 Connection 是数据库连接接口,如何能够高效地连接数据库或许只有数据库厂商自己清楚,因此他们提供的 JDBC 驱动程序是最高效的,当然针对某种数据库也可能有其他第三方 JDBC 驱动程序。

(3) 开发人员,JDBC 接口为开发人员提供了一致的 API,使他们不用关心实现接口的细节。

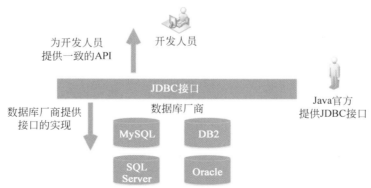

图 13-1 JDBC 技术的三种不同的角色

JDBC API 为 Java 开发人员使用数据库提供了统一的编程接口，它由一组 Java 类和接口组成。这些类和接口来自 java.sql 和 javax.sql 两个包。

（1）java.sql：这个包中的类和接口主要针对基本的数据库编程服务，如创建连接、执行语句、语句预编译和批处理查询等。同时也有一些高级的处理，如批处理更新、事务隔离和可滚动结果集等。

（2）javax.sql：主要为数据库方面的高级操作提供了接口和类，提供分布式事务、连接池和结果集等。

在 java.sql 包中最重要的有三个接口：Connection、Statement 和 ResultSet 接口。

1. Connection 接口

java.sql.Connection 接口的实现对象代表与数据库的连接，也就是在 Java 程序和数据库之间建立连接。Connection 接口中常用的方法如下：

（1）Statement createStatement()：创建一个语句对象，该语句对象用来将 SQL 语句发送到数据库。

（2）PreparedStatement prepareStatement(String sql)：创建一个预编译的语句对象，用来将参数化的 SQL 语句发送到数据库，参数包含一个或者多个问号"?"表示的占位符。

（3）CallableStatement prepareCall(String sql)：创建一个调用存储过程的语句对象，参数是调用的存储过程，参数包含一个或者多个问号"?"表示的占位符。

（4）close()：关闭与数据库的连接，在使用完连接后必须关闭，否则连接会保持一段比较长的时间，直到超时。

（5）isClosed()：判断连接是否已经关闭。

2. Statement 接口

java.sql.Statement 接口称为语句对象，它提供用于向数据库发出的 SQL 语句，并且给出访问结果。Connection 接口提供了生成 Statement 的方法，一般情况下通过 connection.createStatement()方法就可以得到 Statement 对象。

具体来说 Statement 接口有如下三种：

（1）java.sql.Statement：基本的语句对象。

（2）java.sql.PreparedStatement：预编译的语句对象，PreparedStatement 继承 Statement 接口。

（3）java.sql.CallableStatement：用于调用存储过程或存储函数的预编译的语句对象，CallableStatement 继承 PreparedStatement 接口。

Statement 提供了许多方法，常用的方法如下：

（1）executeQuery()：运行查询语句，返回 ResultSet 对象。

（2）executeUpdate()：运行更新操作，返回更新的行数。

（3）close()：关闭语句对象。

（4）isClosed()：判断语句对象是否已经关闭。

Statement 对象用于执行不带参数的简单 SQL 语句,它的典型使用如下：

```
Connection conn = DriverManager.getConnection("jdbc:odbc:accessdb", "admin", "admin");
Statement stmt = conn.createStatement();
ResultSet rst = stmt.executeQuery("select userid, name from user");
```

PreparedStatement 对象用于执行带参数的预编译 SQL 语句,它的典型使用如下：

```
Connection conn = DriverManager.getConnection("jdbc:odbc:accessdb", "admin", "admin");
PreparedStatement pstmt = conn.prepareStatement("insert into user values(?,?)");
pstmt.setInt(1,10);                                    //绑定第一个参数
pstmt.setString(2,"guan");                             //绑定第二个参数
pstmt.executeUpdate();                                 //执行 SQL 语句
```

上述 SQL 语句"insert into user values(?,?)"在 Java 源程序编译时一起编译,两个问号占位符所代表的参数在运行时绑定。

注意 绑定参数时需要注意两个问题：绑定参数顺序和绑定参数的类型。绑定参数顺序是从 1 开始,而不是从 0 开始。根据绑定参数类型的不同选择对应的 set 方法。

CallableStatement 对象用于执行对数据库已存储过程的调用,它的典型使用如下：

```
Connection conn = DriverManager.getConnection("jdbc:odbc:accessdb", "admin", "admin");
strSQL = "{call proc_userinfo(?,?)}";
java.sql.CallableStatement sqlStmt = conn.prepaleCall(strSQL);
sqlStmt.setString(1,"tony");
sqIStmt.setString(2,"tom");
//执行存储过程
int i = sqlStmt.exeCuteUpdate();
```

3. ResultSet 接口

在 Statement 执行 SQL 语句时,如果是 SELECT 语句,则会返回结果集,结果集通过接口 java.sql.ResultSet 描述,它提供了逐行访问结果集的方法,通过该方法能够访问结果集中不同字段的内容。

ResultSet 提供了检索不同类型字段的方法,常用的方法介绍如下：

（1）close()：关闭结果集对象。

（2）isClosed()：判断结果集对象是否已经关闭。

（3）next()：将结果集的光标从当前位置向后移一行。

（4）getString()：获得在数据库中字符串类型的数据,返回值类型是 String。

（5）getFloat()：获得数据库中浮点类型的数据,返回值类型是 float。

（6）getDouble()：获得数据库中浮点类型的数据,返回值类型是 double。

（7）getDate()：获得数据库中日期类型的数据,返回值类型是 java.sql.Date。

（8）getBoolean()：获得数据库中布尔类型的数据,返回值类型是 boolean。

（9）getBlob()：获得数据库中 Blob(二进制大型对象)类型的数据，返回值类型是 Blob
类型。

（10）getClob()：获得数据库中 Clob(字符串大型对象)类型的数据，返回值类型是
Clob。

这些方法要求有列名或者列索引，如 getString()方法的两种情况如下：

```
public String getString(int columnIndex) throws SQLException
public String getString(String columnName) throws SQLException
```

方法 getXXX 提供了获取当前行中某列值的途径，在每一行内，可按任何次序获取列
值。使用列索引有时会比较麻烦，这个顺序是 select 语句中的顺序：

```
select * from user
select userid, name from user
select name,userid from user
```

◎注意 columnIndex 列索引是从 1 开始，而不是从 0 开始。这个顺序与 select 语
句有关，如果 select 使用 * 返回所有字段，如 select * from user 语句，那么列索引是数据表
中字段的顺序；如果 select 指定具体字段，如 select userid, name from user 或 select name,
userid from user，那么列索引是 select 指定字段的顺序。

微课视频

13.2 JDBC 访问数据库编程过程

JDBC 访问数据库编程过程如图 13-2 所示，其中查询（R）过程最多需要 7 个步骤，修改
（C、U、D）过程最多需要 6 个步骤。这个过程采用了预编译语句对象进行数据操作，所以有
可能进行绑定参数，见步骤 4。

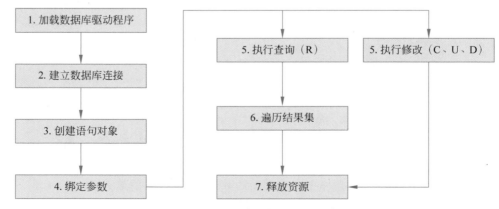

图 13-2　JDBC 访问数据库编程过程

注：R 表示查询，C 表示插入，U 表示更新，D 表示删除。

上述是基本的一般步骤,实际情况会有所变化,例如没有参数需要绑定,则步骤 4 就省略了。另外,如果 Connection 对象、Statement 对象和 ResultSet 对象都采用自动资源管理技术释放资源,那么步骤 7 也可以省略。

13.2.1　加载驱动程序

微课视频

在编程实现数据库连接时,首先必须先加载特定厂商提供的数据库驱动程序。使用 Class.forName()方法实现驱动程序加载过程,该方法在前面介绍过。

不同驱动程序的加载方法如下:

```
Class.forName("sun.jdbc.odbc.JdbcOdbcDriver");      //JDBC - ODBC 桥接,Java 自带
Class.forName("特定的 JDBC 驱动程序类名");             //数据库厂商提供
```

例如,加载 MySQL 驱动程序代码如下:

```
Class.forName("com.mysql.cj.jdbc.Driver");
```

如果直接这样运行程序,则会抛出如下的 ClassNotFoundException 异常。

```
java.lang.ClassNotFoundException: com.mysql.cj.jdbc.Driver
```

这是因为程序无法找到 MySQL 驱动程序 com.mysql.cj.jdbc.Driver 类,这需要配置当前项目的类路径(Classpath),类路径通常会使用.jar 文件。所以运行加载 MySQL 驱动程序代码是应该在类路径中包含 MySQL 驱动程序,它们是.jar 文件,MySQL 驱动程序,读者可以从本书配套代码中找到 mysql-connector-java-8.0.20.jar 文件。

提示 一般在发布 Java 文件时,会把字节码文件(class 文件)打包成.jar 文件,.jar 文件是一种基于.zip 结构的压缩文件。

13.2.2　建立数据库连接

微课视频

驱动程序加载成功后就可以进行数据库连接了。建立数据库连接可以通过调用 DriverManager 类的 getConnection()方法实现。该方法有如下几个重载版本:

(1) static Connection getConnection(String url):尝试通过一个 URL 建立数据库连接,调用此方法时,DriverManager 会试图从已注册的驱动中选择恰当的驱动来建立连接。

(2) static Connection getConnection(String url,Properties info):尝试通过一个 URL 建立数据库连接,一些连接参数(如 user 和 password)可以按照键-值对的形式放置到 info 中,Properties 是 Hashtable 的子类,它是一种 Map 结构。

(3) static Connection getConnection(String url, String user, String password):尝试通过一个 URL 建立数据库连接,指定数据库用户名和密码。

上面的几个 getConnection()方法都会抛出受检查的 SQLException 异常,注意处理这

个异常。

JDBC 的 URL 类似于其他场合的 URL，它的语法如下：

jdbc:< subprotocol >:< subname >

这里有三个部分，它们用冒号隔离。

（1）协议：jdbc 表示协议，它是唯一的，JDBC 只有这一种协议。

（2）子协议：主要用于识别数据库驱动程序，也就是说，不同的数据库驱动程序的子协议不同。

（3）子名：它属于专门的驱动程序，不同的专有驱动程序可以采用不同的子名实现。

对于不同的数据库，厂商提供的驱动程序和连接的 URL 都不同，如表 13-1 所示。

表 13-1 数据库厂商提供的驱动程序和连接的 URL

数 据 库 名	驱 动 程 序	URL
MS SQLServer	com. microsoft. jdbc. sqlserver. SQLServerDriver	jdbc: microsoft: sqlserver: //[ip]: [port]; user= [user]; password=[password]
JDBC-ODBC	sun. jdbc. odbc. JdbcOdbcDriver	jdbc：odbc：[odbcsource]
Oracle thin Driver	oracle. jdbc. driver. OracleDriver	jdbc：oracle：thin：@[ip]：[port]：[sid]
MySQL	com. mysql. cj. jdbc. Driver	jdbc：mysql：//ip/database

建立数据连接示例代码如下：

```
// 13.2.2   建立数据连接

import java.sql.Connection;
import java.sql.DriverManager;
import java.sql.SQLException;

public class Exa13_1_1 {

    public static void main(String[] args) {

        try {
            Class.forName("com.mysql.cj.jdbc.Driver");
            System.out.println("驱动程序加载成功...");

        } catch (ClassNotFoundException e) {
            System.out.println("驱动程序加载失败...");
            // 退出
            return;
        }

        String url = "jdbc:mysql://localhost:3306/scott_db?serverTimezone = UTC";   ①
        String user = "root";
        String password = "12345";
```

```
        try (Connection conn = DriverManager.getConnection(url, user, password)) {        ②

            System.out.println("数据库连接成功: " + conn);

        } catch (SQLException e) {
            e.printStackTrace();
        }


    }
}
```

上述代码第①行是设置数据库连接的 URL,事实上表 13-1 所示的 URL 后面还可以跟很多参数,就是在 URL 后面加上“?”,“?”之后的参数与 URL 的参数类似。本例中参数 serverTimezone＝UTC,这是设置服务器时区,UTC 是协调世界时间。注意:在目前的 MySQL 8 版本数据库中 serverTimezone＝UTC 参数不可以省略,否则会发生运行错误。

代码第②行使用 DriverManager 的 getConnection(url,user,password)方法建立数据库连接,在 url 中 3306 是数据库端口号,scott_db 是 MySQL 服务器中的数据库。

13.3　案例:数据 CRUD 操作

对数据库表中的数据可以进行 4 类操作:数据插入(Create)、数据查询(Read)、数据更新(Update)和数据删除(Delete),也俗称 CRUD 操作。

本案例通过 JDBC 技术对 scott_db 库中的员工表 emp 进行 CRUD 操作。

13.3.1　数据查询操作

本节实现从员工表查询工资大于 1000 元的所有员工信息,实现代码如下:

微课视频

```
//13.3.1   数据查询操作
import java.sql.Connection;
import java.sql.DriverManager;
import java.sql.SQLException;
import java.sql.PreparedStatement;
import java.sql.ResultSet;
import java.sql.SQLException;

public class Exa13_3_1 {

    public static void main(String[] args) {

        try {
            Class.forName("com.mysql.cj.jdbc.Driver");
            System.out.println("驱动程序加载成功...");
```

```
        } catch (ClassNotFoundException e) {
            System.out.println("驱动程序加载失败...");
            // 退出
            return;
        }

        String url = "jdbc:mysql://localhost:3306/scott_db?serverTimezone = UTC";
        String user = "root";
        String password = "12345";

        try (Connection conn = DriverManager.getConnection(url, user, password)) {

            System.out.println("数据库连接成功：" + conn);
            // SQL 语句
            String sql = "SELECT EMPNO, ENAME,JOB,MGR, HIREDATE, SAL FROM emp WHERE sal > ?";①

            // 创建语句对象
            PreparedStatement pstmt = conn.prepareStatement(sql);              ②
            // 绑定参数
            pstmt.setFloat(1, 1000);                                           ③
            // 执行查询
            ResultSet rs = pstmt.executeQuery();
            // 遍历结果集
            while (rs.next()) {
                System.out.printf("EMPNO: % d  ENAME: % s  JOB: % s  MGR: % s HIREDATE: % s
SAL: % .2f\n",
                    rs.getInt("EMPNO"), rs.getString("ENAME"), rs.getString("JOB"),
                    rs.getString("MGR"),rs.getString("HIREDATE"), rs.getDouble("SAL"));  ④
            }

        } catch (SQLException e) {
            e.printStackTrace();
        }

    }
}
```

上述代码第①行声明 SQL 字符串，注意这里的条件使用"?"作为占位符，代码第②行创建语句对象，代码第③行是为占位符绑定参数，由于要绑定的参数是浮点类型数据，所以使用 setFloat()方法，其中 1 表示占位符的数据，1000 表示要绑定的数据。

代码第④行是结果集中提取字段数据，注意：提取的方法要与字段的数据类型一致。

上述示例代码运行结果这里不再赘述。

13.3.2　数据修改操作

数据修改操作包括数据插入、数据更新和数据删除。

微课视频

1. 数据插入

数据插入代码如下：

```java
// 13.3.2    数据修改操作
// 1.数据插入

import java.sql.Connection;
import java.sql.DriverManager;
import java.sql.SQLException;
import java.sql.PreparedStatement;
import java.sql.ResultSet;
import java.sql.SQLException;

public class Exa13_3_2_1 {

    public static void main(String[] args) {

      try {
        Class.forName("com.mysql.cj.jdbc.Driver");
        System.out.println("驱动程序加载成功...");

      } catch (ClassNotFoundException e) {
        System.out.println("驱动程序加载失败...");
        // 退出
        return;
      }

      String url = "jdbc:mysql://localhost:3306/scott_db?serverTimezone = UTC";
      String user = "root";
      String password = "12345";

      try (Connection conn = DriverManager.getConnection(url, user, password)) {

        System.out.println("数据库连接成功: " + conn);
        // SQL 语句
        String sql = "insert into EMP (EMPNO, ENAME, JOB, SAL, DEPTNO)
          values (?,?,?,?,?)";
        // 创建语句对象
        PreparedStatement pstmt = conn.prepareStatement(sql);          ①
        // 绑定参数
        pstmt.setInt(1, 8888);                                         ②
        pstmt.setString(2, "关东升");
        pstmt.setString(3, "程序员");
        pstmt.setFloat(4, 8000);
        pstmt.setInt(5, 20);                                           ③
        // 执行 SQL 语句
        int affectedRows = pstmt.executeUpdate();                      ④
```

```
        System.out.printf("插入 %d 条数据.\n", affectedRows);
    } catch (SQLException e) {
        e.printStackTrace();
    }


    }
}
```

上述代码第①行创建插入语句对象,其中有 5 个占位符。因此需要绑定参数,代码第②行和第③行绑定 5 个参数,注意使用的方法要与参数的数据类型匹配。

代码第④行 executeUpdate()方法执行 SQL 语句,该方法与查询方法 executeQuery()不同。executeUpdate()方法返回的是整数——成功影响的记录数,即成功插入记录数。

2. 数据更新

数据更新代码如下:

```
// 13.3.2    数据修改操作
// 2.数据更新

import java.sql.Connection;
import java.sql.DriverManager;
import java.sql.SQLException;
import java.sql.PreparedStatement;
import java.sql.ResultSet;
import java.sql.SQLException;

public class Exa13_3_2_2 {

    public static void main(String[] args) {

        try {
            Class.forName("com.mysql.cj.jdbc.Driver");
            System.out.println("驱动程序加载成功...");

        } catch (ClassNotFoundException e) {
            System.out.println("驱动程序加载失败...");
            // 退出
            return;
        }

        String url = "jdbc:mysql://localhost:3306/scott_db?serverTimezone = UTC";
        String user = "root";
        String password = "12345";

        try (Connection conn = DriverManager.getConnection(url, user, password)) {

            System.out.println("数据库连接成功: " + conn);
            // SQL 语句
            String sql = "UPDATE EMP SET ENAME = ?,JOB = ? WHERE EMPNO = ?";
```

```
        // 创建语句对象
        PreparedStatement pstmt = conn.prepareStatement(sql);
        // 绑定参数
        pstmt.setString(1, "Tony");
        pstmt.setString(2, "码农");
        pstmt.setInt(3, 8888);
        // 执行 SQL 语句
        int affectedRows = pstmt.executeUpdate();
        System.out.printf("更新 % d 条数据.\n", affectedRows);
    } catch (SQLException e) {
        e.printStackTrace();
    }

    }
}
```

上述代码与数据插入类似，只是 SQL 语句不同，这里不再赘述。

3. 数据删除

数据删除代码如下：

```
// 13.3.2    数据修改操作
// 3. 数据删除

import java.sql.Connection;
import java.sql.DriverManager;
import java.sql.SQLException;
import java.sql.PreparedStatement;
import java.sql.ResultSet;
import java.sql.SQLException;

public class Exa13_3_2_3 {

    public static void main(String[] args) {

        try {
            Class.forName("com.mysql.cj.jdbc.Driver");
            System.out.println("驱动程序加载成功...");

        } catch (ClassNotFoundException e) {
            System.out.println("驱动程序加载失败...");
            // 退出
            return;
        }

        String url = "jdbc:mysql://localhost:3306/scott_db?serverTimezone = UTC";
        String user = "root";
        String password = "12345";
```

```
        try (Connection conn = DriverManager.getConnection(url, user, password)) {

            System.out.println("数据库连接成功: " + conn);
            // SQL 语句
            String sql = "DELETE FROM EMP WHERE  EMPNO = ?";
            // 创建语句对象
            PreparedStatement pstmt = conn.prepareStatement(sql);
            // 绑定参数
            pstmt.setInt(1, 8888);
            // 执行 SQL 语句
            int affectedRows = pstmt.executeUpdate();
            System.out.printf("删除 %d 条数据。\n", affectedRows);
        } catch (SQLException e) {
            e.printStackTrace();
        }

    }
}
```

上述代码与数据插入类似，只是 SQL 语句不同，这里不再赘述。

13.4　本章小结

本章主要介绍如何通过 Java 程序代码访问 MySQL 数据库中的数据技术——JDBC，然后实现了一个 CRUD 操作的案例。

13.5　同步练习

一、简述题

简述 JDBC 技术的三个角色。

二、选择题

下列语句对象有哪几种类型？（　　　）

A. PreparedStatement

B. Statement

C. CallableStatement

D. Connection

三、判断题

1. 使用预处理语句时，绑定参数索引是从 0 开始的。（　　　）

2. 在 ResultSet 个 get 方法中，如果使用列索引作为参数，那么它是从 0 开始的。（　　　）

第 14 章　利用 Python 程序访问 MySQL 数据库

第 13 章介绍了如何利用 Java 程序访问 MySQL 数据库，那么本章就来介绍如何利用 Python 程序访问 MySQL 数据库。

14.1　Python DB-API

由于提供访问数据库的库有很多，使用起来差别很大，为了规范 Python 编程接口，Python 官方提出了一套规范——Python DB-API，Python DB-API 要求各个数据库厂商和第三方开发商，遵循统一的编程接口，使 Python 开发数据库变得统一而简单，更新数据库工作量很小。

Python DB-API 只是一个规范，没有访问数据库的具体实现，规范是用来约束数据库厂商的，要求数据库厂商为开发人员提供访问数据库的标准接口。

Python DB-API 规范涉及三种不同的角色：Python 官方、开发人员和数据库厂商，如图 14-1 所示。

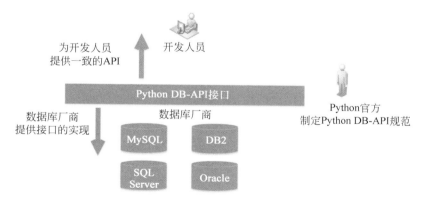

图 14-1　Python DB-API 规范涉及三种不同的角色

（1）Python 官方制定了 Python DB-API 规范，这个规范包括全局变量、连接、游标、数据类型和异常等内容。目前最新的是 Python DB-API2 规范。

（2）数据库厂商为了支持 Python 语言访问自己的数据库，根据这些 Python DB-API 规范提供了具体的实现类，如连接和游标对象具体实现方式。当然针对某种数据库也可能有其他第三方具体实现。

（3）对于开发人员而言，Python DB-API 规范提供了一致的 API 接口，开发人员不用关心实现接口的细节。

14.2　Python DB-API 规范访问数据库过程

通过 Python DB-API 进行数据库编程的一般过程如图 14-2 所示，其中执行查询过程和执行插入、删除和更新（修改）过程都最多需要 6 个步骤。查询过程中需要提取结果集，这是修改过程中没有的步骤。而修改过程中如果成功执行 SQL 操作，则提交数据库事务，如果失败，则回滚数据库事务。最后不要忘记释放资源，即关闭游标和关闭数据库连接。

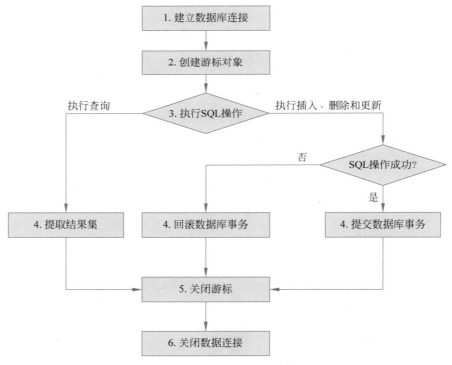

图 14-2　访问数据库的一般过程

14.2.1　数据库连接

数据库访问的第 1 步是进行数据库连接。建立数据库连接可以通过 connect(parameters...) 函数实现，该函数根据 parameters 参数连接数据库，如果连接成功，则返回 Connection

对象。

连接数据库的关键是连接参数 parameters，使用 pymysql 连接数据库示例代码如下：

```
import pymysql

connection = pymysql.connect(host = 'localhost',
                             user = 'root',
                             password = '12345',
                             database = 'mydb',
                             charset = 'utf8')
```

pymysql. connect()函数中常用的连接参数有以下几种：

- **host**：数据库主机名或 IP 地址。
- **port**：连接数据库端口号。
- **user**：访问数据库账号。
- **password 或 passwd**：访问数据库密码。
- **database 或 db**：数据库中的库名。
- **charset**：数据库编码格式，注意 uft8 是配置数据库字符串集为 UTF-8 编码。

此外，还有很多参数，如有需要，读者可以参考 http：//pymysql. readthedocs. io/en/latest/modules/connections. html。

◎注意 连接参数虽然主要包括数据库主机名或 IP 地址、用户名、密码等内容，但是不同数据库厂商（或第三方开发商）提供的开发模块会有所不同，具体使用时需要查询开发文档。

Connection 对象有一些重要的函数，这些函数如下：

（1）close()：关闭数据库连接，关闭之后如果再使用数据库连接将引发异常。

（2）commit()：提交数据库事务。

（3）rollback()：回滚数据库事务。

（4）cursor()：获得 Cursor 游标对象。

14. 2. 2 创建游标对象

为了操作数据库，需要创建游标（Cursor）对象，一个 Cursor 对象表示一个数据库游标，游标暂时保存了 SQL 操作所影响到的数据。在数据库事务管理中游标非常重要，游标是通过数据库连接创建的，相同数据库连接创建的游标所引起的数据变化，会马上反映到同一连接中的其他游标对象。但是不同数据库连接中的游标，是否能及时反映出来，则与数据库事务管理有关。

Cursor 对象有很多函数和属性,其中常用的函数有以下几种:

(1) execute(operation[,parameters]):执行一条 SQL 语句,operation 是 SQL 语句,parameters 是为 SQL 提供的参数,可以是序列或字典类型。如果返回值是整数,则表示执行 SQL 语句影响的行数。

(2) executemany(operation[,seq_of_params]):执行批量 SQL 语句,operation 是 SQL 语句,seq_of_params 是为 SQL 提供的参数,seq_of_params 是序列。如果返回值是整数,则表示执行 SQL 语句影响的行数。

(3) callproc(procname[,parameters]):执行存储过程,procname 是存储过程名,parameters 是为存储过程提供的参数。

14.2.3　提取结果集

执行 SQL 查询语句是通过 Cursor 对象 execute() 和 executemany() 函数实现的,但是这两个函数回值都是整数,对于查询没有意义。因此使用 execute() 和 executemany() 函数执行查询后,还要从游标中提取结果集,游标的提取函数如下:

(1) fetchone():从结果集中返回一条记录的序列,如果没有数据,则返回 None。

(2) fetchmany([size=cursor.arraysize]):从结果集返回小于或等于 size 的记录数序列,如果没有数据,则返回一个空序列,size 默认情况下是整个游标的行数。

(3) fetchall():从结果集返回所有数据。

微课视频

14.3　案例：数据 CRUD 操作

本节通过一个案例介绍如何利用 PythonDB-API2 实现 Python 对数据的 CRUD 操作。

14.3.1　安装 PyMySQL 库

PyMySQL 遵从 Python DB-API2 规范,本节首先介绍如何安装 PyMySQL 库。

通过 pip 工具安装 PyMySQL 库,pip 是 Python 官方提供的包管理工具。安装 Python 时默认就会安装 pip 工具。

打开命令提示(Linux、UNIX 和 macOS 终端),输入指令如下:

```
pip install PyMySQL
```

在 Windows 平台下执行 pip 安装指令过程如图 14-3 所示,最后会有安装成功提示,其他平台安装过程也是类似的,这里不再赘述。

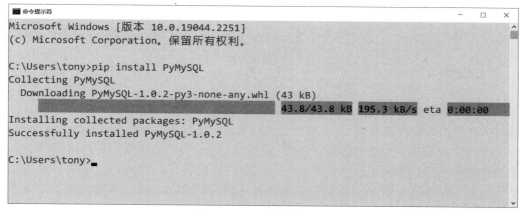

图 14-3　pip 安装指令过程

14.3.2　数据查询操作

本节实现从员工表查询工资大于 1000 元的所有员工信息，实现代码如下：

```
# coding = utf - 8
# 14.3.2  数据查询操作

import pymysql

# 建立数据库连接
connection = pymysql.connect(host = 'localhost',                    ①
                             user = 'root',
                             password = '12345',
                             database = 'scott_db',
                             charset = 'utf8')

try:
    # 创建游标对象
    with connection.cursor() as cursor:

        # 执行 SQL 操作
        # SQL 语句
        sql = "SELECT EMPNO, ENAME, JOB,MGR, HIREDATE, SAL FROM emp WHERE sal > % s"    ②
        cursor.execute(sql, [1000])                                  ③

        # 提取结果集
        result_set = cursor.fetchall()                              ④

        for row in result_set:                                      ⑤
            msessage = "EMPNO:  {0}   ENAME: {1}   JOB: {2} \       ⑥
                MGR: {3} HIREDATE: {4}   SAL: {5:.2f}".format(row[0], row[1],row[2], \
```

```
                row[3],row[4],row[5])
        print(msessage)

finally:
    # 关闭数据连接
    connection.close()                                                    ⑦
```

上述代码第①行是创建数据库连接，指定编码格式为 UTF-8，MySQL 数据库默认安装以及默认创建的数据库都是 UTF-8 编码。代码第⑦行是关闭数据库连接。

代码第②行是准备查询的 SQL 语句，注意其中%s 是占位符，这个占位符会在执行 SQL 语句时用实际的参数替代。

代码第③行通过游标的 execute()函数执行 SQL 语句，execute()函数的第一个参数是 SQL 语句，第二个参数是要替代占位符的实际数据，这些数据可以放到列表或元组中。

代码第④行通过游标的 fetchall()函数从游标中提取所有的数据。

代码第⑤行通过 for 循环遍历结果集。

代码第⑥行将要输出的结果拼接成字符串，通过 for 循环遍历结果集。row[0]～row[5] 是获得 6 个字段数据。

14.3.3 数据修改操作

数据修改操作包括数据插入、数据更新和数据删除。

1. 数据插入

数据插入代码如下：

```
# coding = utf - 8
# 14.3.3  数据修改操作
# 1.数据插入


import pymysql

# 建立数据库连接
connection = pymysql.connect(host = 'localhost',
                             user = 'root',
                             password = '12345',
                             database = 'scott_db',
                             charset = 'utf8')

try:
    # 创建游标对象
    with connection.cursor() as cursor:

        # 执行 SQL 操作
        # SQL 语句
```

```
    sql = "insert into EMP (EMPNO, ENAME, JOB, SAL, DEPTNO) values ( % s, % s, % s, % s, % s)"    ①
    # 执行 SQL 语句
    affectedcount = cursor.execute(sql, [8888, "关东升", "程序员", 8000, 20])    ②
    print('影响的数据行数：{0}'.format(affectedcount))
    # 提交数据库事务
    connection.commit()    ③

except pymysql.DatabaseError as e:
    # 回滚数据库事务
    connection.rollback()    ④
    print(e)
finally:
    # 关闭数据连接
    connection.close()
```

代码第①行准备插入数据的 SQL 语句，其中有 5 个占位符。因此需要在运行时提供数据。

代码第②行通过游标的 execute() 函数执行 SQL 语句，其中第一个参数是 SQL 语句，第二个参数是要传递的数据，函数返回值 affectedcount 是成功插入数据的记录数。

代码第③行是在插入数据成功后，提交数据库事务。

代码第④行是在插入数据失败后，回滚数据库事务。

2. 数据更新

数据更新代码如下：

```
# coding = utf - 8
# 14.3.3    数据修改操作
# 2.数据更新

import pymysql

# 建立数据库连接
connection = pymysql.connect(host = 'localhost',
                             user = 'root',
                             password = '12345',
                             database = 'scott_db',
                             charset = 'utf8')

try:
    # 创建游标对象
    with connection.cursor() as cursor:

        # 执行 SQL 操作
        # SQL 语句
        sql = "UPDATE EMP SET ENAME = % s,JOB = % s WHERE EMPNO =  % s"
        # 执行 SQL 语句
        affectedcount = cursor.execute(sql, ["Tony","码农",8888])
```

```
        print('影响的数据行数：{0}'.format(affectedcount))
        # 提交数据库事务
        connection.commit()

except pymysql.DatabaseError as e:
    # 回滚数据库事务
    connection.rollback()
    print(e)
finally:
    # 关闭数据连接
    connection.close()
```

上述代码与插入数据类似，只是 SQL 语句不同，这里不再赘述。

3. 数据删除

数据删除代码如下：

```
# coding = utf - 8
# 14.3.3    数据修改操作
# 3.数据删除

import pymysql

# 建立数据库连接
connection = pymysql.connect(host = 'localhost',
                             user = 'root',
                             password = '12345',
                             database = 'scott_db',
                             charset = 'utf8')

try:
    # 创建游标对象
    with connection.cursor() as cursor:

        # 执行 SQL 操作
        # SQL 语句
        sql = "DELETE FROM EMP WHERE  EMPNO = % s";
        # 执行 SQL 语句
        affectedcount = cursor.execute(sql, [8888])
        print('影响的数据行数：{0}'.format(affectedcount))
        # 提交数据库事务
        connection.commit()

except pymysql.DatabaseError as e:
    # 回滚数据库事务
    connection.rollback()
    print(e)
finally:
```

```
♯ 关闭数据连接
connection.close()
```

上述代码与插入数据类似，只是 SQL 语句不同，这里不再赘述。

14.4　本章小结

本章主要介绍如何利用 Python 程序代码访问 MySQL 数据库中的数据技术，首先介绍了 Python DB-API 规范，接着介绍了安装 PyMySQL 库，最后实现了一个 CRUD 操作案例。

14.5　同步练习

一、简述题

简述 Python DB-API 规范。

二、选择题

下列选项中使用 PyMySQL 库绑定参数可以使用的占位符有哪些？（　　　）

A. ?　　　　　　　　B. ％s　　　　　　　　C. $　　　　　　　　D. ♯

三、判断题

1. Cursor 对象的 execute()和 executemany()函数返回的是 ResultSet 对象。（　　　）

2. 使用 Cursor 对象的 execute()和 executemany()函数执行查询后，还要从游标中提取结果集。（　　　）

同步练习参考答案

第 1 章　引言

选择题

1. 答案：A
2. 答案：B
3. 答案：D
4. 答案：B
5. 答案：D

第 2 章　MySQL 数据库安装和管理

一、简述题

答案：（略）

二、操作题

1. 答案：（略）
2. 答案：（略）
3. 答案：（略）

第 3 章　表管理

一、简述题

1. 答案：（略）
2. 答案：（略）

二、操作题

1. 答案：（略）
2. 答案：（略）

三、选择题

答案：AC

第 4 章   视图管理

一、简述题

答案：（略）

二、操作题

1. 答案：（略）

2. 答案：（略）

3. 答案：（略）

三、选择题

答案：C

第 5 章   索引管理

一、简述题

答案：（略）

二、选择题

答案：C

三、判断题

1. 答案：×

2. 答案：√

3. 答案：√

4. 答案：√

第 6 章   修改数据

一、选择题

答案：ACD

二、简述题

1. 答案：（略）

2. 答案：（略）

3. 答案：（略）

三、操作题

1. 答案：（略）

2. 答案：（略）

3. 答案：（略）

第 7 章   查询数据

一、选择题

答案：ABCD

二、操作题

1. 答案：（略）

2. 答案：（略）

3. 答案：（略）

第 8 章　汇总查询结果

一、选择题

1. 答案：ABCD

2. 答案：ACD

二、简述题

1. 答案：（略）

2. 答案：（略）

三、判断题

1. 答案：√

2. 答案：√

3. 答案：√

第 9 章　子查询

一、选择题

1. 答案：BD

2. 答案：AC

二、判断题

1. 答案：√

2. 答案：√

第 10 章　表连接

一、选择题

1. 答案：A

2. 答案：A

3. 答案：B

4. 答案：C

二、判断题

1. 答案：√

2. 答案：√

第 11 章　MySQL 数据库中特有的 SQL 语句

一、选择题

1. 答案：C

2. 答案：AB

二、操作题

答案：（略）

三、判断题

1. 答案：√

2. 答案：×

第 12 章　MySQL 数据库开发

一、简述题

1. 答案：（略）

2. 答案：（略）

二、选择题

答案：ABC

三、判断题

1. 答案：√

2. 答案：×

3. 答案：√

4. 答案：√

第 13 章　利用 Java 程序访问 MySQL 数据库

一、简述题

答案：（略）

二、选择题

答案：ABC

三、判断题

1. 答案：×

2. 答案：×

第 14 章　利用 Python 程序访问 MySQL 数据库

一、简述题

答案：（略）

二、选择题

答案：B

三、判断题

1. 答案：×

2. 答案：√